KB210618

어니코치의 자연식물식

〔일러두기〕

- 계량 기준은 1컵 = 200ml, 1큰술=15ml, 1작은술=5ml입니다.
- 간장은 모두 한식 간장을 사용합니다.
- 모든 요리는 볶을 때 기름 대신 물을 사용합니다.
- 기름을 사용하고 싶다면 산도 낮은 프리미엄 엑스트라 버진 올리브오일을 소량 사용하세요.
- 불 세기는 중약불을 기본으로 합니다.
- 요리의 간은 재료가 거의 다 익은 마지막 단계에서 진행합니다.

매일의 식사로 건강한 일상을 회복하는 놀라운 채소 중심 식탁

어니코치의 자연식물식

어니코치 지음

다산
라이프

암흑과 같았던 과거

건강한 식습관을 알리고 자연 치유를 돕는 건강 콘텐츠 크리에이터이자 코치로 활동하고 있는 어니코치입니다. 저는 불과 몇 년 전까지만 해도 자가면역질환인 건선을 지독히 앓았던 환자였습니다. 6년이라는 시간 동안 건선으로 고통받으며 제 삶은 피폐해졌습니다. 죽음까지 생각할 정도였어요.

건선은 피부가 두꺼워지고 흰 각질이 생기며, 극심한 가려움을 동반하는 만성 염증성 피부염입니다. 아토피와 비슷하지만 염증이 몸속 깊게 박혀 치료가 쉽지 않지요. 저는 두피에 건선이 발병했는데, 두꺼운 각질이 마치 비듬처럼 보여 항상 신경이 쓰였어요. 게다가 시도 때도 없이 찾아오는 가려움은 도저히 참기 어려워 모든 일을 멈추고 머리를 긁어대야만 했습니다. 그럼 머리카락에 각질이 덕지덕지 붙곤 했지요. 그런 저의 모습을 볼 때마다 자존감이 바닥을 쳤고, 심할 때는 더이상 살고 싶지 않다는 생각까지 들곤 했어요.

당시 제 몸에는 건선뿐만 아니라 온갖 염증이 들끓어서 언제나 피곤함에 시달리곤 했습니다. 특히 생리통과 비염, 변비가 심했어요. 이명이 들리는 날도 많았고요. 생리 때는 덩어리진 생리혈이 쏟아진 탓에 바지가 다 젖어 출근을 하자마자 곧바로 집에 돌아가야 했던 적도 있었어요. 이런 나날이 계속되자 당연히 마음까지도 피폐해졌습니다. 우울하고 무기력했지요.

이 모든 상황에서 벗어나고 싶던 저는 건선을 치료하기 위해 정말 안 해본 게 없었어요. 여러 병원에 찾아가 주사나 스테로이드 연고, 항생제 등 약물을 처방받고 약침과 한방 치료도 시도했어요. 건선에 좋다는 샴푸와 보습제는 가격 상관없이 무엇이든 사들였고 회당 10만 원이 넘어가는 두피 클리닉도 꾸준히 다녔지요. 운동이 도움이 될까 싶어 비싼 PT도 끊었고요. 좋다는 영양제를 죄다 먹다 보니 언젠가는 챙겨 먹는 약이 14종류가 넘을 때도 있었어요.

그런데 아무리 노력해도 제 건선은 크게 나아지지 않았습니다. 약을 쓰면 잠시 나아지는 듯하다가 약을 끊으면 귀신같이 악화되기를 반복했어요. 그때마다 제 마음은 희망과 절망 사이를 오가며 점점 더 황폐해져 갔습니다.

변화의 시작

그러던 어느 순간, 건선 때문에 고통받는 상황이 너무 지긋지긋해졌습니다. 말 그대로 '이대로 살면 안 되겠다'라는 생각이 든 거죠. 그래서 정말 마지막이라는 생각으로 약물에 의존하지 않고, 근본적으로 몸을 바꿔 건선을 치료하기로 결심했습니다.

그 시작은 음식을 바꾸는 일이었습니다. 사실 이전부터 먹는 것이 제 건강에 영향을 끼친다는 사실은 어렴풋이 눈치채고 있었습니다. 제가 먹는 음식에 따라 증상이 심해지기도, 나아지기도 했거든요. 다만 워낙 먹는 것을 좋아하던 저였기에 선뜻 시작하지 못했어요. 그러다 유튜브를 통해 음식으로 건선을 치유한 사례를 보았습니다. 더 이상 미루고만 있을 수 없다는 결심이 들었어요. 눈 딱 감고 건선이 나을 때까지만 식사를 바꿔보기로 스스로와 약속했습니다.

이렇게 마음을 굳게 먹고 나니, 실행은 어렵지 않았습니다. 곧바로 모든 동물성 음식과 초가공식품을 섭취하는 일을 멈췄어요. 그런데 더 큰 문제는 따로 있었습니다. 도대체 무엇을 먹어야 할지 감이 오지 않았다는 거예요. 그래서 무작정 양념도 거의 하지 않은 데친 콩나물에 고구마, 상추샐러드를 먹었습니다. 단언컨데 그렇게 맛없는 식사는 제 인생 처음이었습니다.

이토록 괴로운 식사를 단 이틀간만 지속했을 뿐인데 가려움증과 각질이 거짓말처럼 좋아짐을 느꼈습니다. 음식이 건강에 정말 큰 영향을 끼친다는 사실을 온몸으로 확인하는 순간이었지요. 기쁜 마음에 2주간 양념도 없는 생채소와 고구마로 식단을 이어가니 염증이 빠르게 사라지며 가려움이 훨씬 줄어들었습니다.

그런데 아무리 식사를 해도 계속 허전함이 느껴졌습니다. 그동안 자극적인 고열량 음식만을 섭취해 왔다 보니 자연의 음식으로는 아무런 만족감도 얻지 못했어요. 이런 식으로는 도저히 식사를 지속할 수 없겠다는 생각이 들었습니다. 그때부터 인터넷과 도서관을 뒤지며 맛

7

있는 건강식을 공부하기 시작했습니다.

도서관 문턱이 닳도록 들락거리며 닥치는 대로 건강 서적을 읽고, 외국 사이트를 번역해 가며 건강 정보를 찾아봤습니다. 그러다 보니 건강을 위해서는 무엇보다 장을 회복해야 하며, 장에 좋은 음식이 몸에도 좋다는 사실을 깨닫게 되었습니다. 장 건강을 회복하는 데 자연식물식이 효과적이라는 사실도 함께 알아냈습니다. 결국 현미밥에 나물 반찬을 곁들인 한식이야말로 가장 자연스럽고 쉽게 실천 가능한 자연식물식이라는 생각으로 매일의 식단을 꾸려 나갔습니다.

매일 신선한 재료로 장을 보고, 맛있게 요리해 식사를 챙기고, 꾸준히 운동하는 일을 반복했더니 조금씩 몸이 변하는 게 느껴졌습니다. 각질이 줄어들고 가려움증도 완화되었어요. 밤에 더 편하게 잠들 수 있었고, 몸이 가벼워지면서 피로감이 줄어들었습니다. 스트레스가 줄어들자 손톱을 물어뜯던 버릇도 사라졌고, 머리부터 발끝까지 가득 차 있던 불안감이 사라지면서 요동쳤던 감정 기복이 줄어들었습니다. 이전과 비교하면 확연히 달라졌지요.

그렇게 3개월간 자연식물식을 실천한 뒤 뒤통수를 가득 덮고 있던 각질과 가려움증이 완전히 사라졌습니다. 회복이 어려울 것이라는 걱정과 달리 건선은 빠르게 제 곁을 떠났어요. 늘 그림자처럼 따라다녔던 각질과 가려움증에서 해방된 하루하루가 얼마나 소중한지 겪어보지 않고서는 쉽게 상상할 수 없을 거예요. 건선뿐만 아니라 비염이나 생리통, 덩어리진 생리혈도 없어지고, 소화도 더 잘되고, 안색도 훨씬 밝아졌습니다. 이렇게 음식을 통해 몸을 치유할 수 있음을 몸소 경험하면서 자연스레 자연식물식에 대한 애정과 확신을 갖게 되었어요.

이 책을 읽는 당신에게

저는 한때 음식 앞에서 늘 불안했고, 무엇을 먹어야 하는지 고민하며 스트레스를 받곤 했습니다. 염증으로 고통받다 건강을 되찾고 싶다는 절박한 마음으로 시작한 식단이었지만, 그 과정에서 몸뿐만 아니라 마음까지 치유될 거라고는 전혀 기대하지 않았습니다.

하지만 저는 이제 더 이상 음식 앞에서 두려워하지 않습니다. 건강한 음식을 선택하는 것이 자연스러워졌고, 먹는 행위가 스트레스받는 일이 아닌 즐거운 경험이 되었어요. 그리고 저의 삶 또한 달라졌습니다. 두피 때문에 포기했던 프리다이빙을 배우고 카메라 앞에서 당당하게 촬영을 하며, 자유롭게 여행도 다녀요. 하고 싶은 일이 무엇이든 도전하고 원하는 삶을 주체적으로 살아갈 수 있게 되었습니다. 여전히 예민하고 스트레스에 취약하지만, 건강한 식사가 내 삶을 훨씬 더 안정적이고 평온하게 만들어줄 수 있다는 단단한 믿음이 있어요.

이런 변화는 아주 작은 선택에서 시작되었습니다. 주방에서 재료를 다듬고 요리를 하는 일. 단순한 행동 같지만 바로 그 행동이 제 삶을 바꿔놓았어요. 그 과정을 통해 나를 돌보는 법을 배웠습니다. 단순히 건강한 몸을 되찾는 것만을 뜻하는 게 아닙니다. 내 몸과 마음을 진심으로 돌보는 일이 무엇인지를 깨닫게 되었다는 뜻이지요.

이 책을 쓰기로 한 이유도 마찬가지입니다. 예전의 저처럼 음식과 건강 문제로 힘들어하는 많은 이들에게 작은 희망을 전하고 싶었습니다. 음식이 단순한 생존 수단이 아니라 삶을 바꾸는 강력한 도구가 될 수 있다는 것을 더 많은 이들이 경험하기를 바랍니다. 제가 염증에서 벗어나며 느꼈던 자유로움, 건강함, 쾌적함, 행복함을 더 많은 사람들에게 전하고 싶습니다.

물론 시행착오도 많았습니다. 때로는 흔들리기도 한 여정이었어요. 하지만 천천히, 한 걸음씩 나아가다 보니 지금의 제가 되었습니다. 그래서 이 책에 저의 경험과 노하우를 가득 담고자 했습니다. 건강한 집밥을 만드는 일이 어렵고 지루하지 않으며, 충분히 맛있고 즐거운 과정이 될 수 있음을 전하고 싶습니다.

이 책이 단순한 레시피북을 넘어 몸과 마음을 돌보는 따뜻한 길잡이가 되기를 바랍니다. 여러분도 제가 지나온 놀라운 변화를 경험할 수 있길 바라며, 진심을 담아 이야기를 전합니다.

- 어니코치, 조언하

CONTENTS

PART 1

한 그릇 요리

PART 4

간식

INTRO

자연식물식을 시작하기 전에

자연식물식이란

　건강식은 단순히 체중을 조절하거나 영양소를 채우는 일이 아닙니다. 저는 몸과 마음을 치유하고 삶의 질을 높이는 과정이라 믿습니다. 진정한 건강식은 단순히 좋은 음식을 먹는다는 개념을 넘어 정신적·신체적인 부분까지 모두 고려해야 해요. 아무리 건강한 재료로 만들었다 하더라도 억지로 먹으며 스트레스받고, 고립된다면 이는 건강식이라 하기 어렵습니다.

　그리고 치유식은 건강식 중에서도 특정 질병이나 증상을 개선하기 위한 맞춤 식단을 말해요. 질병마다 취약한 음식이 다르고, 같은 질병을 앓더라도 체질과 건강 상태가 다르기 때문에 각자의 환경·체질·생활 습관·건강 목표에 따라 식단이 천차만별로 달라질 수 있습니다.

　하지만 치유식에도 공통된 원칙은 존재합니다. '가공이 적을수록, 자연에 가까울수록 좋다.' 오늘날 초가공식품과 인공첨가물이 가득한 가짜 음식이 자주 식탁에 오르며 알 수 없는 질병으로 고통받는 사람도 늘어나고 있지요. 가공식품과 인공첨가물의 잦은 섭취가 장 건강을 해치고 만성 염증을 유발하기 때문입니다. 모든 질병이 음식 때문이라고 단정할 수 없지만, 음식이 건강에 미치는 영향이 상당하다는 사실도 부정할 수 없습니다.

질 낮은 원재료, 과도한 첨가물과 당·지방·염분이 가득한 초가공식품에 익숙해진 지금, 우리에게 가장 필요한 것은 신선한 재료로 만든 '진짜 음식'입니다. 자연에서 온 재료를 직접 만지고 다지고 썰며 좋은 양념과 조리 도구를 활용해 요리할 때, 독소는 줄고 치유력이 높아져 자연스럽게 몸이 회복되는 과정을 경험할 수 있습니다.

자연식물식은 이러한 치유식의 가장 순수한 형태입니다. 가공되지 않은 자연 상태의 식물성 음식을 주로 섭취하며, 과일·채소·통곡물·해조류·콩·씨앗·견과류 등을 기본으로 합니다. 다채로운 색감의 채소와 과일을 섭취해 더욱 다양한 영양소를 균형 있게 섭취하고, 동물성 식품과 정제된 가공식품은 최대한 지양합니다.

한 가지 더. 자연식물식이 몸의 해독과 치유를 돕는 것은 맞지만, 동일한 식재료라도 각자 소화하고 흡수하는 방식은 다릅니다. 남들에게 좋은 음식이 나에게도 반드시 좋으리란 법은 없습니다. 자연 재료 중심의 집밥을 먹으며 내 몸의 반응을 살피고, 나에게 맞는 식단을 찾아가는 것이 가장 중요함을 명심하세요.

자연식물식에 대한 흔한 오해

자연식물식을 제대로 경험하지 못했거나 건강식에 대해 잘못된 편견을 갖고 있어 생기는 오해도 정말 많아요. 지금부터 흔한 오해를 짚어보고, 자연식물식을 제대로 이해해 볼 거예요.

"영양이 부족하다"

많은 사람이 자연식물식을 진행하면 단백질이나 칼슘 같은 필수 영양소가 부족할 것이라 생각합니다. 하지만 다양한 식재료를 골고루 섭취하면 탄수화물·단백질·지방 같은 필수영양소뿐만 아니라 비타민·미네랄·식이섬유·항산화 성분 등 다양한 미량영양소를 충분히 공급받을 수 있습니다. 오히려 가공된 음식보다 자연 재료에 영양소가 밀도 높게 들어 있어 몸이 필요한 영양을 더 효과적으로 흡수할 수 있어요. 다만 식물성 재료만으로 영양이 충분하지 않다고 느껴진다면, 고품질의 신선한 동물성 재료를 적절히 활용하는 것도 한 가지 방법이에요. 가장 중요한 것은 내 몸의 반응을 살피면서 나에게 맞는 식단을 찾는 일입니다.

"단백질이 부족하다"

단백질은 꼭 필요한 영양소지만, 과도하게 섭취하면 분해 과정에서 질소 노폐물이 증가해 몸에 부담을 줄 수 있어요. 따라서 필요한 만큼만 적절한 양을 섭취하는 것이 중요합니다. 자연식물식의 대표적인 단백질 공급원으로는 콩과 콩 제품(두부·템페·청국장 등), 퀴노아·현미·귀리 같은 통곡물, 견과·씨앗류, 그리고 브로콜리·시금치 같은 채소가 있어요. 이들을 균형 있게 섭취하면 충분한 단백질을 공급받을 수 있습니다.

"비싸다"

자연식물식이 고급 식재료를 사용하는 식단이라고 생각하는 분들이 많지만, 사실 제철 채소·과일·곡물·콩류·해조류 등 우리가 쉽게 구할 수 있는 재료를 기본으로 합니다. 그렇기에 외식이나 배달 음식을 줄이고 집에서 직접 요리하면 오히려 식비를 절약할 수 있어요.

특히 지역에서 나는 식재료를 활용하면 신선한 재료를 합리적인 가격에 구할 수 있어 부담이 줄어듭니다. 건강한 식습관을 통해 질병을 예방하고 의료비를 절감할 수 있다는 점까지 고려하면, 자연식물식은 장기적으로 볼 때 더욱 경제적인 선택이에요.

"시간이 많이 든다"

자연식물식은 최소한의 조리를 지향하기 때문에 자르기·찌기·삶기·굽기 같은 간단한 조리법으로 쉽고 빠르게 만들 수 있어요. 기본적으로는 식재료 손질이 필요하기에 초가공식품과 비교하긴 어렵지만, 요리가 꼭 거창할 필요는 없다는 점을 꼭 기억하세요. 식재료 손질과 조리에 익숙해질수록 준비 시간도 점점 줄어들 거예요.

"맛이 없다"

자연식물식을 처음 시작할 때는 기존의 자극적인 음식에 익숙해져 있어서 다소 싱겁거나 심심하다고 느낄 수 있어요. 하지만 신선한 재료 본연의 맛을 경험하다 보면 점점 자연의 풍미를 그대로 즐기는 법을 알게 됩니다. 또한 허브와 향신료를 충분히 활용하면 자극적이지 않으면서도 감칠맛을 낼 수 있어 기존 음식과는 다른, 새로운 만족감을 느낄 수 있어요. 자연식물식을 통해 재료 본연의 깊은 맛을 발견하는 즐거움을 경험해 보세요.

자연식물식 5대 법칙

자연식물식은 단순한 식습관이 아니라 몸을 돌보고 치유하는 과정입니다. 그러니 지금부터 소개하는 다섯 가지 법칙을 참고해 즐거운 마음으로 요리하며 점점 더 건강해지는 자신을 발견해 보세요.

가공·정제되지 않은 음식 섭취하기

자연식물식에서는 자연 상태에 가까운 식품을 선택하는 것이 가장 중요합니다. 가공 단계를 거칠수록 영양소는 감소하고, 몸에 해로운 첨가물은 늘어나기 쉽거든요. 특히 초가공식품에 포함된 트랜스지방·과도한 나트륨·보존제·인공감미료 등은 장 건강을 해치고 만성 염증을 유발할 수 있습니다. 심지어 뇌에도 부정적인 영향을 준다니, 가능하면 초가공식품을 피하는 편이 몸에 이롭겠지요.

지역 음식 먹기

내가 사는 땅에서 자란 음식은 신선할 뿐만 아니라, 가장 자연스러운 방식으로 필요한 영양소를 공급합니다. 또 지역에서 나는 채소와 과일은 수확 직후 식탁에 오르니 영양소 손실이 적고 맛도 훨씬 좋습니다. 게다가 지역 농가를 지원하면서 장거리 운송으로 인한 탄소 배출 또한 줄일 수 있어요. 건강한 몸과 건강한 지구, 두 가지를 모두 챙길 수 있는 지속 가능한 선택입니다.

제철 음식 먹기

제철 음식은 해당 계절에 가장 풍부한 영양소를 함유해, 우리 몸을 계절 변화에 맞춰 자연스럽게 조율하는 데 도움을 줍니다. 자연의 리듬에 따라 먹다 보면 우리 몸도 그 흐름에 맞춰 더욱 건강해져요. 그때에 가장 맛이 좋은 제철 식재료는 가격도 합리적이라 경제적이면서도 건강한 식단을 유지할 수 있는 방법이 되어줍니다.

균형 잡힌 식단 유지하기

자연 재료가 건강에 좋다고 해도, 특정 음식에만 의존하면 영양 불균형이 생길 가능성이 높아집니다. 어떤 영양소는 넘치는 반면 또 다른 영양소는 부족해질 수 있기 때문입니다. 내 몸이 필요로 하는 영양소를 균형 있게 섭취하는 것이 건강한 치유의 핵심입니다. 그러니

다양한 색과 종류의 식재료를 골고루 섭취하며, 자연스럽게 영양 균형을 맞춰보세요.

자연적인 조리 방식 따르기

재료 본연의 맛을 살릴 수 있도록 단순하게 조리하세요. 튀기거나 고온에서 장시간 조리할수록 영양소가 파괴되고 해로운 물질이 생성됩니다. 따라서 삶기·찌기·데치기·가볍게 볶기 등 비교적 저온에서 조리하는 방식을 추천합니다.

건강한 양념을 쓰는 것도 중요해요. 염증을 유발할 가능성이 높은 대두유·해바라기씨유 등의 씨앗 기름 대신 산도가 낮은 엑스트라 버진 올리브오일이나 아보카도오일 같은 건강한 기름을 사용하세요. 또 첨가물이 많은 시판 조미료 대신 소금·된장·간장·식초·허브 등 천연 양념과 향신료를 활용하면 더 건강하게 요리할 수 있습니다.

자연식물식 5대 요소

자연식물식은 다섯 가지 핵심 요소를 중심으로 구성됩니다. 지금 부터는 각 요소가 어떤 역할을 하는지 살펴보고, 나에게 가장 필요한 부분부터 식단에 적용해 보세요.

다양한 채소와 과일

채소와 과일은 자연식물식의 핵심 요소이며, 치유에 필수적인 식품입니다. 채소와 과일에는 비타민·미네랄·항산화물질이 풍부해 염증을 줄이고 면역력을 강화하는 데 도움을 줍니다. 또 활성 산소로부터 세포를 보호하고 노화를 지연시키며, 암이나 심혈관질환 같은 만성질환의 위험을 낮추는 데도 유용합니다. 다양한 색의 채소와 과일을 섭취할수록 각기 다른 파이토케미컬을 얻을 수 있으니 가능한 한 여러 종류의 채소와 과일을 섭취하는 것도 중요합니다.

특히 채소는 염증 완화에 가장 효과적인 재료로, 당 함량이 낮고 식이섬유가 풍부해 장 건강을 개선하고 독소가 원활히 배출되도록 돕습니다. 과일 또한 비타민 C와 플라보노이드 같은 강력한 항산화물질이 풍부하고 수분과 식이섬유가 많아 혈당 조절에 긍정적인 영향을 줍니다. 다만 개인마다 혈당 반응이 다를 수 있으므로, 혈당에 민감하다면 식후 과일 섭취를 피하고 블루베리나 딸기처럼 당 함량이 낮은 베리류를 중심으로 식단을 구성하세요.

통곡물

통곡물은 껍질과 배아를 그대로 간직한 곡물을 의미합니다. 대표적으로 현미·귀리·퀴노아·메밀 등이 있습니다. 정제되지 않은 통곡물에는 식이섬유·비타민·미네랄·항산화 성분이 풍부해 장 건강과 면역 체계 강화에 기여합니다.

탄수화물을 부정적으로 묘사하는 경우도 있지만, 문제가 되는 것은 탄수화물 자체가 아니라 식이섬유가 거의 없는 정제 탄수화물(흰빵·흰쌀)입니다. 이러한 정제 탄수화물은 혈당을 급격히 높이고 쉽게 피로감을 느끼게 하며 염증을 유발할 가능성이 높아요. 또 정제 과정에서 질 낮은 첨가물이 포함될 위험도 큽니다.

반면 통곡물과 같은 복합 탄수화물은 천천히 소화·흡수되어 혈당을 급격히 올리지 않고, 지속적인 에너지를 공급하는 데 도움을 줍니다. 따라서 건강한 식단의 주요 에너지원으로 적합하지요.

콩류 및 콩 제품

콩은 필수 아미노산을 포함한 훌륭한 단백질 공급원입니다. 단백질을 구성하는 아미노산 중 일부는 자체적으로 생성할 수 있지만, 필수아미노산은 반드시 음식으로 섭취해야 해요. 공장식 축산으로 생성된 동물성단백질은 오메가-6 과잉 섭취, 항생제 잔류 등의 문제를 유발할 수 있으므로 비교적 안전한 식물성 단백질을 기본으로 식단을 짜지만, 필요에 따라 건강한 방식으로 키운 동물성단백질을 선택할 수도 있습니다.

콩은 직접 삶아 먹어도 좋지만, 청국장·된장·낫토·템페와 같은 발효제품을 활용하면 소화가 한결 편하고 장 건강과 면역력 증진에도 더욱 도움이 됩니다.

해조류

해조류는 우리 몸의 해독 능력을 회복할 때 강력한 조력자가 되어줍니다. 칼슘·마그네슘·아이오딘·철분 같은 미네랄이 풍부해 피부 건강을 돕고, 뼈 강화·갑상선 기능 유지·혈액순환 촉진에도 효과적이거든요. 또한 해조류에 함유된 수용성 식이섬유는 독소 배출을 도와 장을 정화하는 데 도움을 줍니다.

해조류에 풍부한 오메가-3지방산은 염증을 완화하고 피부 회복을 촉진하는 중요한 역할을 합니다. 따라서 만성 염증성 질환으로 고

생한다면 꾸준히 섭취하는 것이 좋습니다. 다만 아이오딘 함량이 높은 편이므로 갑상선이 민감하다면 섭취량을 조절하세요.

견과·씨앗류

견과·씨앗류는 건강한 지방·단백질·아연 등의 영양소가 풍부한 식품이에요. 특히 호두·아몬드·캐슈너트·브라질너트 같은 견과류에는 비타민 E가 많아서 피부 보호와 노화 예방에 도움을 줍니다. 치아씨드·아마씨·해바라기씨·호박씨 등 씨앗류에는 오메가-3지방산이 함유되어 있어 염증을 줄이고 장 건강과 피부 회복을 촉진하는 효과를 보여요. 특히 아마씨와 치아씨드는 물을 만나면 젤 형태로 변하는데, 이는 포만감을 주고 장 내 환경을 개선하는 데 유용합니다.

다만 견과·씨앗류는 알레르기가 흔한 식품이니 영유아와 어린이, 그 외에도 알레르기에 예민한 체질이라면 섭취에 주의합니다.

자연식물식 식단 구성하기

건강한 식사는 단순히 몇 가지 요리를 만드는 것이 전부가 아니에요. 꾸준히 건강하게 먹기 위해선 체계적으로 식단을 구성하고 다양한 메뉴를 개발해 자연스럽게 일상에 녹아들도록 해야 합니다. 더불어 탄수화물·단백질·지방뿐만 아니라 비타민·미네랄까지 균형 있게 섭취하는 일이 중요합니다.

식단을 쉽게 구성하는 저만의 비결이 있는데요. 바로 '현미밥과 된장국'을 기본으로 삼는 거예요. 발효식품인 된장과 식이섬유가 풍부한 현미를 중심으로, 끼니마다 다양한 채소와 버섯·해조류·콩류를 골고루 더해보세요. 특히 녹색 잎채소는 식이섬유와 무기질이 풍부해 치유의 핵심이 되어주므로 식단에서 높은 비율을 차지하도록 구성하는 게 좋아요.

자연식물식 식단 구성법

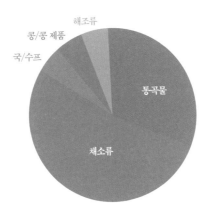

통곡물

채소류

국/수프

콩/콩 제품

해조류

·채소류 50~80%

　(땅 위 채소: 뿌리 채소=3:1)

·통곡물 30~50%

·국/수프 5~10%

·콩/콩 제품 5~10%

·해조류 5~10%

- **탄수화물:** 현미·귀리·퀴노아 등 다양한 통곡물을 포함하되, 내 몸에 맞게 비율을 조절하며 섭취하세요.

- **단백질:** 콩류(검은콩·렌틸콩)·두부·템페로 보충하세요. 하루 단백질 권장량은 체중 1kg당 0.8~1.0g이며, 한 번에 몰아 먹기보다 끼니마다 나누어 섭취하는 것이 좋습니다.

- **지방:** 아보카도·들깨·캐슈너트 등을 활용해 건강한 지방을 보

충하세요.

- **비타민·미네랄:** 다섯 가지 색(적·황·녹·백·자)의 제철 채소를 매일 섭취하세요. 만약 다채로운 색의 채소를 챙기기가 어렵다면 매 끼니 잎채소와 뿌리채소를 한 줌 이상 섭취하는 것을 목표로 삼아보세요. 영양소 구성이 다양해져 균형 잡힌 식단을 만드는 데 도움이 됩니다.

현재 자신의 식단에 채소 비중이 얼마나 되는지 점검하고 조금씩 늘려가세요. 치유식에서는 한 끼 식사의 80%를 채소로 채우는 것이 가장 이상적이지만, 생채소 소화가 어렵다면 샐러드 대신 데친 나물을 활용하는 방법도 있습니다. 열량이 부족하다면 통곡물과 콩류 비율을 늘려 조절할 수 있습니다.

중요한 건 한 가지 식재료에만 치우치지 않고 균형 잡힌 식사를 하는 거예요. 사람마다 필요한 식단 구성 비율이 다를 수 있으므로, 내 몸의 반응을 살피면서 나에게 맞는 식단을 찾아가는 과정이 필요합니다.

자연식물식 4주 가이드

자연식물식은 단순한 식사가 아니라 건강한 몸과 마음을 위한 생활 방식입니다. 한 번에 모든 걸 바꾸기보다, 천천히 그리고 꾸준히 실천하는 것이 중요합니다. 작은 변화를 쌓아가다 보면 어느새 몸과 마음의 변화를 경험할 수 있을 거예요. 이 가이드에 자연식물식을 무리 없이 실천할 수 있도록 주 차별로 목표를 설정해 두었으니, 내 몸의 반응을 살피면서 유연하게 적용해 보세요.

1주차 **기본적인 식단 정리**

– 줄이기: 술, 커피, 액상과당, 유제품, 나쁜 기름

- 음료를 허브차, 채소 스무디, 곡물차로 변경
- 엑스트라 버진 올리브오일 사용
- 기본 식단을 현미밥과 된장국 중심으로 구성

2주차 정제 음식 줄이기

‒줄이기: 맵고 자극적인 음식, 밀가루, 정제 설탕, 가짓과채소(가지 · 토마토 · 감자 · 고추)*

• 쌈 채소나 샐러드, 채소찜이나 채소구이, 해조류 추가
• 질 좋은 천연 양념 사용
• 정제 설탕 대신 올리고당·현미 조청·배즙·비정제 설탕 등 천연 감미료 사용

---

*가짓과채소 속 렉틴은 일부 자가면역질환자에게 염증 반응을 유발할 수 있으므로, 몸의 반응을 살피며 조절하는 편이 좋습니다.

3주차 초가공식품 줄이기

‒줄이기: 원료가 불분명한 시판 제품(초가공식품, 인스턴트 음식 등)

• 나물·채소 반찬 및 콩류나 콩 제품 한 가지씩 추가
• 땅 위 채소 3 : 뿌리채소 1 비율로 식단 구성
• 코팅 팬·플라스틱 도구의 사용을 줄이고 스테인리스·무쇠·나무 등으로 만든 건강한 조리 도구 사용

4주차 질 낮은 동물성 식품 줄이기

‒줄이기: 공장식으로 사육된 육류 및 달걀, 양식 해산물

• 동물성 식품을 한 끼씩 점진적으로 줄이기(아침은 자연식물식 위

주, 점심·저녁은 채소 비율 높이는 방식)

- 한 끼는 현미밥, 된장국, 콩류·콩 제품, 나물·채소 반찬, 해조류 등으로 구성
- 다른 한 끼는 샐러드나 채소찜 등 자연식물식 내에서 자유롭게 선택

자연식물식은 내 몸의 소리에 귀 기울이며, 나에게 맞는 방식을 찾아가는 과정이에요. 처음부터 완벽하게 실천하려 하기보다는 하루 한 끼라도 자연식물식을 실천하며 몸이 어떻게 반응하는지 관찰해 보세요. 작은 변화가 쌓이면 어느새 건강한 습관이 자연스럽게 자리 잡을 거예요.

무엇보다 균형과 지속 가능성이 가장 중요합니다. 무리하지 않고, 몸과 마음이 편안해지는 방향으로 나만의 건강한 식단을 만들어가길 바랍니다.

자연식물식 한 달 식단표

	1	2	3	
점심	냉이볶음밥 달래된장국 얼갈이배추 된장무침	애호박 양배추덮밥 냉이된장국 꼬시래기무침	청경채 버섯덮밥 쑥된장국 두부 톳무침	
저녁	바질 두부샌드위치 두유 양송이수프 퀴노아 비트샐러드	현미밥 버섯탕국 세발나물 두부무침	카카오 오나오 브로콜리 블루베리스무디 두부 큐브 샐러드	
	8	9	10	
점심	톳밥 시래깃국 미역줄기볶음	현미밥 들깨 버섯 순두부탕 두부스크램블	부추 아보카도비빔밥 배추만둣국 시래기볶음	
저녁	단호박 비트 오나오 딸기 바나나스무디 부추 귤샐러드	된장야채죽 깻잎순볶음 미역줄기볶음	두릅 바질파스타 쑥된장국 딸기 호두샐러드	
	15	16	17	
점심	오트밀 쑥 리소토 땅콩호박수프 들깨 두부조림	채소카레 들깨미역국 시금치나물	채소 샤부샤부 시금치나물 들깨 숙주나물	
저녁	해초비빔밥 두유 양송이수프 순두부 강된장	봄나물 감태김밥 땅콩호박수프 버섯잡채	들기름 메밀국수 배추만둣국 코울슬로	
	22	23	24	
점심	두릅 바질파스타 두유 양송이수프 두부스크램블	현미밥 냉이된장국 콩나물무침	주키니 오일파스타 배추만둣국 템페 채소구이	
저녁	콩나물밥 버섯탕국 세발나물 두부무침	애호박 양배추볶음밥 달래된장국 깻잎 된장무침	현미밥 시래깃국 3색 나물 요리	
	29	30		
점심	청경채 버섯덮밥 시래깃국 두부 톳무침	고구마 코코넛카레 들깨 버섯 순두부탕 콩나물 무침		
저녁	된장 야채죽 미역줄기볶음 사과 당근라페	후무스 버섯 오픈샌드위치 ABC스무디 템페 바질샐러드		

4	5	6	7
현미밥 배추만둣국 양파 우엉 당근채볶음	미나리밥 배추 버섯된장국 깻잎 된장무침	취나물밥 들깨 버섯 순두부탕 콩나물무침	현미밥 채개장 깻잎순볶음
들기름 메밀국수 콩나물국 사과 당근라페	고구마 두유 요거트볼 시금치 사과 케일스무디 템페 바질샐러드	아사이볼 두유 진저 라테 양배추 병아리콩샐러드	냉이볶음밥 들깨 버섯 순두부탕 오이무침
11	**12**	**13**	**14**
현미밥 콩나물국 오이무침	오이 연두부비빔밥 버섯탕국 깻잎순볶음	현미 포케 채개장 미역줄기볶음	현미밥 냉이된장국 양배추 병아리콩샐러드
고구마순 된장파스타 들깨미역국 콩나물무침	콩국수 오이무침 양배추 버섯볶음	오트밀 쑥 리소토 버섯탕국 들깨 두부조림	현미 포케 양파수프 들깨 연근조림
18	**19**	**20**	**21**
고구마 코코넛카레 시금치된장국 3색 나물 요리	봄나물 감태김밥 채개장 코울슬로	현미밥 들깨미역국 시래기볶음	콩국수 템페 채소구이 오이무침
샐러드 파스타 양파수프 사과 당근라페	후무스 버섯 오픈샌드위치 땅콩호박수프 부추 귤샐러드	열무 된장비빔밥 콩나물국 양파 우엉 당근채볶음	된장 야채죽 버섯잡채 꼬시래기무침
25	**26**	**27**	**28**
샐러드 파스타 양파수프 알배추 채소쌈	된장 야채죽 부추 귤샐러드	해초비빔밥 배추 버섯된장국 순두부 강된장	현미밥 버섯탕국 템페 바질샐러드
무밥 달래된장국 공심채볶음	현미밥 냉이된장국 시금치나물	고구마순 된장파스타 채개장 알배추 채소쌈	현미밥 시금치된장국 양배추 버섯볶음

*이 식단표는 레시피북에 있는 메뉴들로만 구성되었어요. 참고하시되 가장 중요한 것은 내 몸에 맞는 식단을 찾아가는 것이에요. 점심은 든든하게, 저녁은 가볍게 구성했지만 필요에 따라 밥을 추가하거나 메뉴를 조절해도 괜찮아요. 신선한 제철 재료를 활용하고, 가공식품 대신 직접 만든 양념으로 자연의 맛을 살려보세요. 생채소가 부담스럽다면 살짝 데쳐 먹어요. 콩류는 충분히 불려 삶으면 소화에 더 좋답니다. 부담 갖지 말고 내 몸이 좋아하는 방식을 찾아가세요!

건강한 식재료 선택하기

건강한 음식의 기본은 신선하고 질 좋은 식재료입니다. 식재료의 특성을 알고 올바르게 선택하는 것은 건강한 식습관을 지속하기 위한 중요한 첫걸음이에요. 지금부터는 추천하는 식재료 목록과 그 특성을 상세히 알려드릴게요. 이 내용을 익혀두면 '무엇을 먹을 것인가'에 대한 고민이 줄어들고, 내 몸이 필요로 하는 식재료를 더 쉽게 고를 수 있을 거예요.

– 채소

• **잎채소: 시금치, 상추, 깻잎, 케일, 청경채, 냉이, 달래, 미나리**

잎채소는 자연식물식의 핵심 재료로, 매일 충분히 섭취하는 편이 좋아요. 간 해독을 돕고 체내 독소 배출을 촉진하는 성분이 풍부하며 염증 완화·장 건강 개선·피부 회복에도 효과적입니다. 생으로 먹으면 영양소를 온전히 섭취할 수 있지만, 소화가 어렵다면 살짝 데쳐 먹는 것도 좋은 방법입니다. 가능한 한 다양한 잎채소를 번갈아 가며 섭취하기를 추천합니다.

• **새싹채소 : 콩나물, 숙주나물**

새싹채소는 간편하게 조리할 수 있어 사계절 내내 활용하기 좋은 식재료입니다. 콩나물은 비타민 C가 풍부해 피부 건강을 돕고, 숙주나물은 비타민 B군이 많아 소화 기능 개선과 피부 회복에 도움을 줍니다.

• **십자화과채소 : 브로콜리, 양배추, 콜리플라워, 배추**

십자화과채소는 강력한 항산화 작용과 해독 효과를 가진 식재료로, 특히 간 건강과 장내 유익균 증가에 도움이 됩니다. 장 건강 개선과 피부 회복에도 효과가 있어요. 맛이 강하지 않아 다양한 요리에 활용하기 좋지만, 장이 예민한 경우 소화 과정에서 가스가 생길 수 있으므로 처음에는 소량씩 섭취하며 몸의 반응을 살펴보세요.

• **뿌리채소: 당근, 연근, 우엉, 무, 비트, 고구마**

뿌리채소는 주로 늦가을부터 겨울이 제철이며, 추운 날씨를 이겨내기 위해 뿌리에 영양분을 집중적으로 저장합니다. 이 과정에서 비타민·미네랄·파이토케미컬이 풍부해집니다. 복합 탄수화물과 섬유질도 많아 혈당을 안정적으로 유지하는 데 도움을 줍니다. 특히 고구마는 장내 점액층을 보호하는 역할을 하고, 비트는 혈액순환을 돕고 간 해독을 촉진하는 역할을 합니다.

- 박과채소 : 애호박, 단호박, 오이

애호박과 오이는 수분 함량이 높아 체내 수분 균형을 유지하는 데 효과적이며, 낮은 열량에 비해 비타민·칼륨·식이섬유가 많이 함유되어 있습니다.

- 향신채소 : 양파, 마늘, 생강, 대파

요리에 풍미를 더하는 중요한 양념 재료입니다. 양파는 천천히 볶으면 단맛이 강해져 감미료 없이도 은은한 단맛을 낼 수 있어요. 마늘은 어디나 잘 어울리는 만능 양념으로, 알싸한 맛을 더합니다. 대파는 국물 요리에 넣으면 시원한 맛을 내고, 생강은 몸을 따뜻하게 해주면서 음식에 깊은 맛을 더합니다.

– 곡물 : (발아)현미, 귀리, 퀴노아, 기장, 수수, 차조

현미는 겉껍질만 벗긴 쌀로, 속겨가 다 깎인 백미보다 섬유질·미네랄·비타민 B군·항산화 성분이 풍부해 소화 건강과 혈당 조절에 도움을 줍니다. 탄수화물·지방·단백질도 포함되어 있어 자연식물식에서 된장국과 함께 기본이 되는 재료예요. 다만 현미에는 염증을 유발할 수 있는 렉틴이 있어 반드시 불린 후 압력솥에 취사해야 하며, 잔류 농약이나 비소를 피하려면 국산 유기농 제품을 선택하는 편이 안전합니다.

발아 현미는 현미를 싹 틔운 쌀로, 발아 과정에서 렉틴이 줄어들고 영양가가 높아져 더욱 추천해요. 소화도 잘되어 소화 기능이 약하거나 자가면역질환이 있는 분들에게 특히 적합합니다.

퀴노아·기장·수수·차조는 알칼리성 곡물이라 염증 관리에 도움이 되므로, 현미와 함께 섞어 먹으면 더욱 좋습니다. 처음에는 쌀과 잡곡의 비율을 8:2 에서 시작해 점차 잡곡을 늘려가세요.

– 콩류: 렌틸콩, 병아리콩, 검은콩, 서리태

식물성 단백질이 풍부해 근육 유지에 도움을 주며, 불포화지방산이 많아 심혈관 건강에도 유익합니다. 또한 철분이 풍부해 빈혈 예방에도 효과적이에요. 특히 콩에 포함된 이소플라본은 암 예방과 갱년기 증상 완화에 도움을 주지만, 병아리콩 등 일부 콩에는 칼륨 함량이 높으므로 섭취량을 조절하는 것이 좋습니다. 또 콩에는 렉틴도 포함되어 있어 소화가 어려울 수 있습니다. 그러므로 물에 충분히 불린 후 압력솥에 삶아 섭취해야 합니다. 이 과정을 거치면 소화가 쉬워지고 영양소 흡수율도 높아집니다.

– 버섯: 새송이버섯, 양송이버섯, 느타리버섯, 팽이버섯, 표고버섯

쫄깃한 식감 덕분에 고기 대용으로 활용하기 좋은 재료예요. 단백질과 식이섬유가 풍부해 포만감을 주며, 면역력 강화에도 도움이 됩니다. 특히 버섯을 햇빛에 말리면 비타민 D 함량이 증가하는데, 비타민 D는 장벽을 강화하고 면역 세포의 기능을 회복하는 데 중요한 역할을 합니다. 따라서 말린 버섯을 잘 활용하면 자가면역질환 관리에도 도움을 받을 수 있습니다.

– 해조류: 다시마, 미역, 김, 톳

짭짤한 감칠맛이 특징이며, 칼슘·아이오딘·마그네슘·식이섬유가 풍부해 뼈 건강과 갑상선 기능 유지에 도움을 줍니다. 특히 김과 톳은 미네랄과 항산화 성분이 많아 면역력 강화에 효과적입니다. 아이오딘은 신진대사에 필수적인 미네랄이지만, 과다 섭취하면 갑상선 기능에 부담이 될 수 있어 적정량을 지키는 것이 중요합니다.

– 지방: 아보카도, 올리브

지방이라고 해서 다 같은 지방이 아니지요. 아보카도나 올리브에 포함된 건강한 지방은 호르몬 균형·두뇌 건강·피부 보습에 도움을 줍니다. 두 재료는 오일 형태로도 섭취할 수 있지만, 산화 우려가 적은 과육 형태로 먹는 편이 더 안전합니다. 일반적으로 초록 올리브는 폴리페놀 함량이 높고, 검은 올리브는 철분이 풍부합니다. 다만 열량이 높으니 한 번에 과다 섭취하지 않도록 주의하세요.

– 견과·씨앗류: 호두, 아몬드, 캐슈너트, 호박씨, 치아씨드

견과·씨앗류는 식물성 단백질과 건강한 지방이 풍부하며, 미네랄 보충에도 유용합니다. 다만 열량이 높고 소화가 어려울 수 있으므로 하루 한 줌(약 30g) 이하로 섭취하는 것이 적당합니다. 생으로 먹을 경우 렉틴이 남아 있어 자가면역질환을 악화시킬 수 있으니 8시간 정도 물에 불린 후 볶아서 먹는 편이 좋습니다. 또한 견과류에서 기름에 찌든 냄새가 나거나, 맛이 씁쓸하고 색이 변했거나 곰팡이가 핀 경우 즉시 폐기해야 합니다.

– 과일: 사과, 블루베리, 레몬, 키위, 귤, 바나나

과일은 식이섬유와 비타민, 미네랄이 풍부해 소화와 배변 활동을 원활하게 합니다. 피부 건강과 체력 유지에도 도움을 주지요. 특히 베리류는 강력한 항산화 효과를 지니고 있어 면역력 향상과 노화 방지에 유익합니다. 또한 과일의 천연 당분은 단맛에 대한 욕구를 충족시켜 식사 30분 전에 소량 섭취하면 후식을 줄이는 데 도움을 줄 수 있어요.

과일을 섭취할 때는 스무디나 주스로 갈아 먹기보다는 껍질째 통째로 먹는 편이 더 좋습니다.

– 양념

• 한식간장, 한식된장

자연식물식의 필수 양념으로 국산 콩과 소금을 이용해 첨가물 없이 전통 발효 방식으로 만든 제품을 선택합니다. 발효 과정에서 생성된 유익균이 장이 건강해지도록 돕고, 면역력 증진에도 기여합니다.

• 천연 소금

정제되지 않은 자연 그대로의 소금을 사용하는 것이 가장 좋습니다. 히말라야 소금이나 죽염, 천일염 등이 있으며, 미네랄이 풍부해 신체의 전해질 균형을 유지하는 데 도움을 줍니다.
또한 간장이나 된장과 달리 음식의 색을 해치지 않고 간을 조절할 수 있어 더욱 간편하게 활용할 수 있습니다.

• 엑스트라 버진 올리브오일

올리브를 저온에서 추출해 정제 없이 얻어낸 최고 등급의 오일로, 향과 영양소가 풍부하며 쌉싸름하면서도 약간의 매운맛이 특징입니다. 산도 0.8% 이하의 경우만 엑스트라 버진 등급으로 인정되며, 항산화 성분이 많이 들어있어 세포 노화 예방에 도움이 돼요.

엑스트라 버진 올리브오일은 열과 빛에 약해 주로 샐러드나 드레싱 같은 차가운 요리에 사용합니다. 산도 0.3% 이하의 일부 제품은 발연점이 높아 가정에서 조리용 기름으로도 사용할 수 있지만, 너무 높은 온도에서 가열하지 않도록 유의하세요. 제품을 구매할 땐 최근 제조된 제품인지, 냉추출 방식으로 만들어졌는지, 산도 0.8% 이하인지 꼼꼼히 확인하세요.

• 생들기름 & 들깻가루

고소한 생들기름과 들깻가루는 자연식물식에 감칠맛을 더하는 치트 키라고도 할 수 있어요. 비빔밥·나물 무침·국·죽 등 다양한 요리에 두루 활용할 수 있으며 샐러드 드레싱으로도 훌륭합니다. 특히 오메가-3 함량이 매우 높아, 생들기름 1작은술만으로도 하루 권장량의 절반을 충족할 수 있습니다.

다만 생들기름은 200도 이상 가열 시 벤조피렌 같은 발암물질이 생성될 수 있으므로, 되도록 생으로 섭취하는 편이 좋습니다. 들기름과 들깻가루는 산패하기 쉬운 재료이므로 보관에 특히 신경 써야 합니다. 들깻가루는 밀봉하여 냉동 보관하는데, 그때

그때 갈아 쓰면 더 신선하고 고소합니다. 생들기름은 냉장 보관하며 가급적 빠르게 섭취하는 것을 권장해요.

• **올리고당, 배즙, 현미 조청, 비정제 설탕**

정제된 설탕 대신 사용할 수 있는 자연 감미료로, 요리에 단맛을 낼 때 활용합니다. 백설탕에 비해 혈당 상승이 완만하지만, 여전히 중독성이 있고 혈당을 자극할 수 있으므로 점차 사용량을 줄이는 것을 추천합니다.

현미 조청은 깊고 구수한 단맛을, 배즙은 부드러운 단맛을 내며, 프락토올리고당이나 갈락토올리고당과 같은 올리고당은 장내 유익균 증식에 도움을 줍니다. 알룰로스나 스테비아 같은 대체당은 인체에 미치는 영향에 대한 연구가 진행 중이므로, 개인적으로는 천연 감미료가 더 안전한 선택이라고 생각해요.

• **허브파우더**

허브파우더는 신선한 허브를 건조해 분말 형태로 만든 것으로, 요리에 쉽게 활용할 수 있다는 장점이 있습니다. 샐러드·드레싱·포케·파스타 같은 다양한 요리에 향과 풍미를 더해주며 항산화 성분이 풍부해 염증 감소와 면역력 강화에도 도움을 줍니다. 바질·오레가노·타임 등 다양한 허브는 각기 다른 효능을 가지고 있으므로 골고루 활용하는 것이 좋습니다. 저는 여러 가지 허브가 혼합된 허브파우더를 자주 사용하는데, 종류 구별 없이 손쉽게 활용할 수 있어 편리합니다. 유기농 인증을 받은 제품을 선택하면 더욱 안전하게 섭취할 수 있습니다.

- **강황가루, 커리가루, 마늘가루, 양파가루, 시나몬파우더**
향신료는 항산화 및 항염 작용이 뛰어나며 음식에 감칠맛을 더해줍니다. 특히 강황의 주성분인 커큐민은 강력한 항염 효과를 가지고 있으며, 지방이나 후추와 함께 섭취하면 체내 흡수율이 높아집니다. 카레를 만들 때는 첨가물이 많은 시판 카레 가루 대신 강황·커리 등 기초 향신료를 활용해 보세요. 카레 외에도 채소찜 소스나 볶음밥에 살짝 넣으면 이국적인 맛을 낼 수 있습니다. 마늘과 양파 가루는 요리에 자연스러운 감칠맛을 더해주고요. 모든 향신료는 첨가물이 없는 유기농 제품을 선택하고, 신선할 때 빠르게 소비하는 것이 중요합니다.

- **제품: 템페**
템페는 콩을 발효한 인도네시아 전통 식품으로, 청국장·낫토와 함께 세계 3대 발효식품 중 하나로 꼽힙니다. 단백질이 풍부해 고단백 건강식 재료로 활용할 수 있으며, 보통 0.5~1cm 두께로 잘라 구워 먹습니다. 감자처럼 포슬포슬한 식감과 고소한 맛이 특징입니다. 만약 쿰쿰한 향이 부담스럽다면 끓는 물에 2분 정도 데친 다음 요리하세요.

　　냉동 보관이 필수이며 개봉 후엔 냉장에서 2일 이내 사용해야 해요. 제품을 고를 땐 국산 콩 또는 Non-GMO 콩으로 만든 유기농 제품을 선택하는 것이 좋습니다.

· **봄 (3~5월)** 봄철 채소는 겨울을 지나 새롭게 돋아나는 어린잎과 연한 줄기가 특징입니다. 신선하고 부드러우며 해독 작용이 뛰어난 채소가 많아 몸을 가볍게 정리하는 데 도움을 줍니다.

  · 잎채소: 시금치, 케일, 청경채, 상추, 미나리, 봄동
  · 뿌리채소: 당근, 마늘종, 비트
  · 과채류: 딸기, 매실, 살구

· **여름 (6~8월)** 여름 채소는 수분이 풍부해 무더위로 인해 쉽게 피로해지는 몸을 보호하기 좋습니다. 또한 항산화 성분이 많아 피부 건강에도 도움을 줍니다.

  · 잎채소: 열무, 아욱, 깻잎, 쑥갓
  · 뿌리채소: 양파, 마늘
  · 과채류: 오이, 수박, 참외, 복숭아, 블루베리

· **가을 (9~11월)** 가을은 뿌리채소가 본격적으로 수확되는 시기로, 에너지를 보충하고 면역력을 높이는 채소가 많습니다.

  · 잎채소: 배추, 무청, 근대
  · 뿌리채소: 고구마, 연근, 무, 우엉, 비트
  · 과채류: 사과, 배, 감

· **겨울 (12~2월)** 겨울철 채소는 땅속 깊이 영양을 저장하며 자라는 경우가 많아, 면역력을 강화하고 몸을 따뜻하게 해줍니다.

  · 잎채소: 얼갈이배추, 시금치, 부추
  · 뿌리채소: 무, 당근, 생강
  · 과채류: 귤, 한라봉

건강한 식재료 손질 및 보관법

채소와 과일의 표면에는 미세한 먼지, 잔류 농약, 불순물이 있을 수 있어 깨끗이 세척하는 것이 중요합니다. 저는 기본적으로 식약처 실험 결과 가장 효과적인 방법으로 밝혀진 '담금물 세척법'을 활용하고 있어요.

• 담금물 세척법
  1. 용기에 물을 넉넉하게 받고 채소 또는 과일을 1분간 완전히 담근다.
  2. 물을 버리고 용기에 새 물을 받아 손으로 저어주면서 30초간 씻는다. 이를 3회 반복한다.
  3. 흐르는 물에 헹궈 마무리한다.

담금물 세척법은 채소와 과일을 물과 충분히 접촉시켜 수용성 농약을 효과적으로 제거하는 방법입니다. 다만 사과 · 포도처럼 표면에 왁스나 유분이 남아 있는 과일은 베이킹소다를 활용하는 것도 좋습니다. 냉이 · 달래 · 시금치같이 뿌리가 있는 채소는 세척 후에도 흙이 남아 있을 수 있으므로 손질할 때 특히 신경 써야 합니다. 비타민 같은 일부 수용성 영양소는 물에 5분 이상 담가두면 손실될 가능성이 있으니, 너무 오래 담가두지 않도록 주의하세요.

-잎채소: 시금치, 상추, 깻잎, 케일, 청경채, 냉이, 달래, 미나리

*대부분의 채소는 씻거나 손질하지 않고 구매한 상태 그대로 밀폐 용기에 보관하면 신선도를 오래 유지할 수 있어요. 반면 물기가 남아 있으면 미생물 활동이 활발해져 부패가 빨라질 수 있습니다. 그러므로 세척 후에는 최대한 물기를 제거하고 밀폐 보관한 뒤 가급적 빨리 소비하세요.

고르는 법 잎이 탄력 있고 짙은 녹색을 띠며 줄기가 단단한 것을 고릅니다.

손질 전 보관법 키친타월로 싸거나 키친타월을 깔고 겹겹이 쌓아 공기가 통하는 봉투에 넣어 냉장 보관 하세요.

손질법 누렇게 시든 부분은 제거하고 낱장으로 떼어내 세척합니다. 뿌리가 있는 채소는 물에 5분 정도 담가 흙을 불린 뒤, 손으로 문지르거나 칼로 긁어 깨끗이 헹궈주세요.

손질 후 보관법 물기를 완전히 제거한 후 키친타월에 감싸 공기가 통하는 상태로 봉투에 담아 냉장 보관 합니다. 깻잎은 꼭지가 물에 잠긴 상태로 세워서 보관하면 신선함이 더 오래 유지됩니다.

- 새싹채소 : 콩나물, 숙주나물

고르는 법 콩나물은 뿌리가 가늘고 줄기가 길고 탄력 있는 것을, 숙주나물은 줄기가 굵고 색이 선명한 것을 선택하세요.

손질 전 보관법 씻지 않은 상태로 냉장 보관 합니다.

손질법 깨끗한 물에 가볍게 씻고 껍질이나 까맣게 변색된 부분을 제거합니다.

손질 후 보관법 물기를 제거한 뒤 키친타월에 감싸 밀폐 용기에 넣거나, 밀폐 용기에 물을 채운 상태로 냉장 보관 합니다.

– 십자화과채소 : 브로콜리, 양배추, 콜리플라워, 배추

고르는 법 무게감이 있고 단단한 것을 고르되, 반점이 있거나 갈라진 것은 피하세요.

손질 전 보관법 밀폐 용기에 넣어 냉장 보관 합니다.

손질법 브로콜리와 콜리플라워는 식초를 푼 물에 꽃송이 부분을 아래로 향하게 하여 10분간 담급니다. 새 물을 받아 헹군 다음, 꽃송이 부분을 잘라 깨끗한 물에 5분간 담근 후 흐르는 물에 다시 씻어냅니다.

손질 후 보관법 브로콜리와 콜리플라워는 물기를 완전히 제거한 후 키친타월을 깔고 공기가 통하는 상태로 봉투에 담아 냉장 또는 냉동 보관 합니다. 양배추는 심을 칼로 제거한 후, 물에 적신 키친타월을 심 부분에 채워 랩으로 감싸 냉장 보관하세요.

– 뿌리채소: 당근, 연근, 우엉, 무, 비트, 고구마

고르는 법 단단하고 무거우며 색이 선명하고 표면에 흠집이 없는 것을 고르세요. 겉에 흙이 묻어 있으면 수분 증발을 막아 더 오랫

동안 신선하게 보관할 수 있어요.

손질 전 보관법 잎을 제거하고 키친타월로 감싸 밀폐 용기에 넣어 냉장 보관 합니다.

손질법 물에 담가 흙을 불린 후 세척 솔로 문질러 겉면에 묻은 흙을 깨끗이 제거하고, 상한 부분은 도려냅니다.

손질 후 보관법 물기를 닦은 후 키친타월을 덮고 밀폐 용기에 담아 냉장 보관 합니다.

– 박과채소: 애호박, 단호박, 오이

고르는 법 애호박은 색이 밝고 매끈하며 단단한 것, 단호박은 껍질이 단단하고 묵직한 것, 오이는 진한 녹색이고 가시가 선명한 것이 신선합니다.

손질 전 보관법 애호박과 오이는 냉장 보관 합니다. 단호박은 통풍이 잘되는 서늘한 그늘에서 꼭지가 서로 겹치지 않고 위를 향하도록 펼치거나 쌓아서 보관합니다.

손질법 베이킹소다를 푼 물에 담근 뒤 세척 솔로 단호박의 표면을 깨끗이 씻어줍니다. 단호박이 너무 단단해 손질이 어렵다면 전자레인지에 1~2분 정도 돌려 부드럽게 만든 후 자릅니다. 오이 표면의 가시는 칼로 긁어서 제거하세요.

손질 후 보관법 밀폐 용기에 담아 냉장 또는 냉동 보관 합니다.

– 향신채소: 양파, 마늘, 생강, 대파

고르는 법 양파는 단단하고 무거우며 껍질이 바삭한 것, 마늘은 단단하고 껍질이 팽팽한 것, 생강은 단단하고 향이 강하며 껍질이 매끄러운 것, 대파는 하얀 뿌리 부분과 푸른 잎 부분의 색이 선명한 것으로 고르세요.

손질 전 보관법 마늘, 양파는 서늘하고 건조한 곳에 보관하세요. 대파는 뿌리 부분을 물에 담그고, 키친타월에 감싼 후 세워서 보관합니다.

손질법 마늘은 껍질을 벗기고 양파는 뿌리와 껍질을, 대파는 뿌리를 제거합니다. 손질한 양파와 대파의 자투리 부분은 채수를 만들 때 활용하면 국물 맛이 한층 깊어집니다.

손질 후 보관법 물기를 제거한 후 밀폐 용기에 담아 냉장 보관 합니다. 마늘·대파는 다져서 큐브 형태로 얼려두면 필요할 때 간편하게 사용할 수 있어요.

– 버섯: 새송이버섯, 양송이버섯, 느타리버섯, 팽이버섯, 표고버섯

고르는 법 갓이 단단하고 표면이 촉촉하며, 주름이 선명한 것이 신선합니다. 줄기가 마르지는 않았는지, 또 탄력이 있는지 확인하세요.

손질 전 보관법 생버섯은 공기가 통하는 상태로 봉투에 넣어 냉장 보관하며, 말린 버섯은 밀폐 용기에 담아 서늘하고 건조한 곳에 보관합니다.

손질법 버섯은 물에 오래 담그지 말고, 가볍게 씻거나, 젖은 키친타월 또는 깨끗한 행주로 표면을 부드럽게 닦아 이물질을 제거합니다.

손질 후 보관법 물기를 완전히 닦아낸 후 키친타월로 감싸 밀폐 용기에 담아 냉장 보관합니다.

– 곡물: (발아)현미, 귀리, 퀴노아, 기장, 수수, 차조

고르는 법 이물질이 섞여 있지 않고, 색이 균일하며 윤기가 도는 것이 신선합니다.

보관법 밀폐 용기에 담아 직사광선이 차단된 서늘한 곳에 보관합니다. 발아 현미와 현미·잡곡은 6개월, 백미는 1년 정도 보관 가능합니다.

– 콩류: 렌틸콩, 병아리콩, 검은콩, 서리태

고르는 법 유전자 조작 및 잔류 농약이 걱정된다면 국산 유기농 제품을 선택하는 편이 좋습니다. 색이 균일하고 모양이 온전하며, 부서짐이나 구멍이 없고 표면이 매끄러운 것이 신선한 콩입니다. 콩 제품(두부, 두유 등)을 구매할 때도 Non-GMO 콩으로 만들었는지 꼭 확인하세요.

보관법 밀폐 용기에 담아 습기 없는 서늘한 곳에 둡니다. 냉장 시 3~6개월, 냉동 시 1년까지 보관이 가능합니다.

– 해조류: 다시마, 미역, 김, 톳

고르는법 색이 진하고 균일하며 광택이 나는 것을 선택하세요. 물에 넣었을 때 탄력이 있어야 신선합니다.

보관법 생해조류는 키친타월로 감싸 밀폐 용기에 넣어 냉장 보관하며, 되도록 빠르게 소진하세요. 말린 해조류는 밀폐 용기에 담아 서늘하고 건조한 곳에 보관합니다. 생해조류는 냉동 보관 시 2~3개월까지 신선도를 유지할 수 있으며, 말린 해조류는 상온 보관 시 6개월~1년, 냉장 보관 시 1~2년까지 사용 가능합니다.

손질법 말린 해조류는 물에 불려 부드럽게 만든 후 이물질을 제거하고 요리에 맞게 잘라 사용합니다. 생해조류는 깨끗한 물에 씻은 후 물기를 제거하여 사용합니다.

손질 후 보관법 물기를 완전히 닦아낸 후 키친타월로 감싸 밀폐 용기에 넣어 냉장합니다. 장기 보관이 필요할 경우 적당량으로 나누어 지퍼 백에 담아서 냉동하세요.

– 지방: 아보카도, 올리브

고르는법 아보카도는 단단하고 무거우며 껍질에 흠집이 없는 것이 좋습니다. 올리브는 색이 균일하고 광택이 나는 것, 절임 제품의 경우 짠맛이 너무 강하지 않은 것을 선택하세요.

보관법 아보카도는 실온에서 보관하며, 눌렀을 때 살짝 물렁할 정도까지 숙성되면 냉장 보관 하여 신선도를 유지하세요. 올리브는 밀폐 용기에 담아 냉장 보관 합니다.

손질법 아보카도를 세로로 자른 후 씨를 제거하고 숟가락으로 과육을 퍼 사용하세요. 올리브는 필요에 따라 씨를 제거하거나 잘라서 조리합니다.

손질 후 보관법 아보카도는 레몬즙을 뿌리고 랩으로 싸서 냉장 보관하면 산화를 방지할 수 있습니다. 올리브는 절임액이나 올리브 오일에 담가 밀폐 용기에 넣어 냉장 보관 하세요.

– 견과·씨앗류: 호두, 아몬드, 캐슈너트, 호박씨, 치아씨드

고르는법 색이 선명하고 균일하며 고소한 향이 살아 있어야 신선합니다. 껍질에 흠집이나 갈라짐이 없고, 눅눅하지 않은 것을 선택하세요.

보관법 산패를 방지하기 위해 저온 보관 하며, 습기와 빛을 차단해야 합니다. 개봉 후 냉장 보관 시 아몬드는 6개월, 호두는 3개월,

캐슈너트는 4개월까지 보관 가능합니다. 볶은 견과류는 생견과류보다 산패가 빠르므로 주의하세요.

– 과일: 사과, 블루베리, 레몬, 키위, 귤, 바나나

`고르는법` 제철·국산·유기농 또는 저농약 제품을 우선적으로 선택하세요. 향이 강하고 묵직하며 색이 선명해야 잘 익은 과일입니다. 너무 무르거나 지나치게 단단한 것은 피하세요. 껍질이 지나치게 반짝이거나 코팅된 느낌이라면 농약이나 왁스 처리를 했을 가능성이 있습니다.

`보관법` 세척하지 않은 상태로 냉장실의 신선 칸에 보관합니다. 상온 보관 시 서늘하고 그늘진 곳에 두고 일주일 이내에 소진하는 것이 좋습니다. 키위와 바나나처럼 후숙이 필요한 과일은 곁에 있는 과일을 빨리 익게 만드니 따로 보관하세요. 포도나 베리류는 세척하지 않은 상태로 키친타월을 간 밀폐 용기에 담아 냉장 보관합니다.

`손질법` 대부분의 과일은 섭취 직전에 씻는 것이 가장 좋으며, 담금물 세척법을 활용하면 잔류 농약을 효과적으로 제거할 수 있습니다. 사과와 배는 농약이 잔류하기 쉬운 부분 꼭지 부분을 깊게 도려내는 걸 추천합니다.

`손질 후 보관법` 자른 과일은 밀폐 용기에 담아 냉장 보관 하세요.

사과는 단면에 레몬즙을 바른 후 랩으로 감싸 밀폐 용기에 담아 보관하면 신선도를 3~4일 정도 유지할 수 있습니다.

기본 요리 도구

장인은 도구를 가리지 않는다지만, 어느 정도의 '장비빨'은 꼭 필요하다고 생각합니다. 특히 요리에 익숙하지 않은 초보자라면 기본적인 도구만 잘 갖춰도 훨씬 수월하게 요리할 수 있어요. 자금부터는 자연식물식 요리에 유용한 필수 도구들을 소개할게요.

참고로 저는 실리콘 조리 도구를 선호하지 않는데요. 고온에서 조리할 때 실리콘에서 어떤 물질이 방출될지 아직 충분히 연구되지 않았기 때문이에요. 대신 스테인리스·나무·유리 같은 안전성이 검증된 소재를 주로 사용합니다.

– 스테인리스스틸 팬＆냄비

거의 모든 요리에 사용되는 기본 도구이며 내구성이 뛰어납니다. 304나 316 같은 고품질 스테인리스 제품을 선택하면 더 안전하고, 오래 사용할 수 있어요. 크기가 다른 팬을 준비해 두면 요리에 따라 선택해 활용하기 좋아요.

– 무쇠 팬(철 팬)

내구성이 뛰어나고 열을 오래 유지하며, 음식을 겉은 바삭하고 속은 촉촉하게 익혀줍니다. 무겁고 관리가 필요하지만 깊은 풍미를 원할 때 유용해요.

– 압력밥솥 혹은 전기밥솥

압력밥솥은 조리 시간이 짧고 밥맛도 뛰어나지만, 사용법에 익숙해질 때까지 시간이 걸릴 수 있어요. 반면 전기밥솥은 사용이 간편하지만 조리 시간이 길고, 압력밥솥에 비해 밥맛이 덜할 수 있습니다. 두 가지 모두 코팅보다는 안전한 스테인리스 재질로 만들어진 제품을 사용하는 것이 좋습니다.

– 찜기(스티머)

채소의 영양소를 최대한 보존할 수 있는 조리 방법 중 하나가 바로 찜이에요. 전기 찜기·대나무 찜기·스테인리스 찜기·유리 찜기 등 다양한 종류가 있지만 위생적으로 오래 사용할 수 있는 스테인리스 찜기를 가장 추천합니다.

-믹서기 & 블렌더

스무디·수프·소스 등을 만들 때 활용하는 필수 도구입니다. 사용 후 바로 세척하면 더 오래 위생적으로 사용할 수 있어요.

제가 가장 자주 사용하는 조리 도구는 스테인리스 팬과 냄비입니다. 스테인리스 가 왜 좋은지, 코팅 팬과 어떤 차이가 있는지 궁금해하시는 분들이 많지요. 팬의 특성을 잘 이해하고 적절히 활용하면 오래 쓸 수 있을 뿐만 아니라 요리의 맛과 식 감도 더욱 살릴 수 있어요. 요리를 더욱 쉽고 즐겁게 하기 위해, 무쇠 팬 · 스테인 리스 팬 · 코팅 팬의 차이점과 관리법을 자세히 소개해 드릴게요.

스테인리스 팬

녹이 잘 슬지 않아 세척 및 관리가 쉽고 고온 조리가 가능한 것이 가장 큰 장점 이에요. 다만 음식이 눌어붙기 쉬우므로 조리 전 예열이 필요합니다. 예열 방법 은 간단해요. 팬을 중약불에서 2~3분간 데운 후 물 한 방울을 떨어뜨렸을 때 둥 글게 뭉쳐 구슬처럼 굴러다니면 적절한 온도에 다다른 것입니다. 만약 물방울이 퍼진다면 조금 더 예열해 주세요.

첫 세척 방법
1. 헝겊이나 키친타월에 식용유를 묻혀 팬의 구석구석을 닦아 연마제를 제거한다. 이때 이음매의 굴곡진 부분까지 꼼꼼히 닦아낸다.
2. 중성세제와 베이킹소다를 1:2 비율로 섞어 거품을 낸 뒤 수세미에 묻혀 팬을 닦고 물로 깨끗이 헹군다.
3. 팬에 물과 식초를 2:1 비율로 붓고 센불에서 5분간 팔팔 끓인다.
4. 깨끗하게 헹군 후 마른 수건으로 물기를 닦아 마무리한다.

평소 관리법
· 거친 수세미나 철 수세미 대신 부드러운 수세미를 사용한다.
· 수세미에 주방용 세제를 묻혀 잔여물을 부드럽게 닦아낸다.
· 음식이 눌어붙었을 경우 물을 넣고 끓여 불린 후 수세미로 닦는다.
· 탄 자국이 생겼다면 물에 갠 베이킹소다를 표면에 바르고 10~15분간

둔 후, 부드러운 수세미로 닦아낸다.
· 설거지 후 물기를 바로 닦으면 물 얼룩을 방지할 수 있다.

무쇠 팬(철 팬)

무쇠 팬은 열 보존력이 뛰어나 요리가 균일하게 익으며, 음식의 깊은 맛을 끌어
올려줍니다. 특히 중약불 요리에 적합하며, 음식이 빠르게 식지 않도록 유지하
기에도 좋아요. 하지만 무거워서 손목에 부담이 될 수 있으며, 토마토소스나 식
초처럼 산성이 강한 재료에 취약하니 주의가 필요합니다.

첫 세척 방법

1. 뜨거운 물로 깨끗이 씻은 뒤 마른 수건으로 물기를 닦아낸다.
2. 중불로 가열하여 남은 물기를 완전히 날린 뒤 상온에서 서서히 식
   힌다.
3. 식용유를 얇게 발라 보관 한다.

평소 관리법

· 사용 후 바로 따뜻한 물로 닦아내고 마른 수건으로 물기를 제거한다.
· 불에 올려 물기를 완전히 날린 다음, 기름을 얇게 코팅하여 보관 한다.
· 세제 사용을 최소화하고, 꼭 필요할 때만 중성세제를 이용해 세척한다.

코팅 팬(테플론, 세라믹 등)

가볍고 음식이 잘 들러붙지 않아 초보자도 쉽게 사용할 수 있는 장점이 있습니
다. 하지만 화학물질로 코팅되어 있어 가열 시 유해한 성분이 나올 가능성이 있
으며, 높은 열과 긁힘에 취약합니다. 코팅이 벗겨지면 유해물질이 음식에 섞일
수도 있기 때문에 추천하지 않습니다.

첫 세척 방법

1. 부드러운 수세미와 중성세제를 이용해 가볍게 세척한다.
2. 물기를 닦아 보관 한다.

평소 관리법

· 빈 팬을 높은 온도에서 가열하지 않도록 주의한다.
· 금속 조리 도구 대신 나무나 실리콘 조리 도구를 사용해 팬의 코팅이 손상되지 않도록 한다.
· 거친 수세미 대신 부드러운 스펀지를 사용해 씻는다.
· 재료가 눌어붙었다면 억지로 긁어내지 말고 물에 불린 후 세척 한다.
· 급격한 온도 변화에 취약하니 뜨거울 때 찬물을 붓는 등의 행동은 삼가고, 설거지를 할 때는 완전히 식은 상태에서 세척 한다.

요리하기

본격적으로 자연식물식을 실천하기 전에 요리의 기본 개념 다섯 가지를 익혀볼까요? 아래 내용을 숙지하면 요리가 한결 쉽고 즐거워질 거예요.

– 계량

요리의 맛은 재료나 양념의 양에 따라 크게 달라지므로 처음에는 일관된 계량 도구를 사용하는 것이 중요합니다. 계량컵이나 숟가락 등을 활용하면 양을 정확히 파악할 수 있어, 익숙해지면 눈대중으로도 적절히 계량이 가능해지게 됩니다. 만약 일반 국자나 숟가락을 사용한다면 항상 동일한 도구를 사용해 일관성을 유지하세요.

– 열 조절

요리에서 중요한 두 번째 요소는 바로 '열 조절'입니다. 기본적으로 자연식물식에서는 재료 본연의 영양소와 맛을 최대한 보존하기 위해 중약불(중간 불보다 약간 낮은 온도)로 조리를 합니다. 채소를 센불에서 조리하면 쉽게 타거나 영양소가 손실되지만, 중약불에서 서서히 익히면 영양소 파괴를 줄이고 식감과 색을 잘 유지할 수 있습니다. 만약 요리를 자주 태운다면 불을 낮추고 천천히 조리하는 것이 중요하다는 사실을 기억하세요.

- 중간 점검

요리는 완성 후 한 번에 맛을 보는 것이 아닙니다. 조리 과정에서 색·냄새·소리·맛을 지속적으로 확인하는 일이 중요합니다. 특히 간을 맞출 때는 한 번에 많은 양의 양념을 넣기보다, 적게 넣고 조금씩 추가하는 방법이 더 좋아요. 이 과정에서 재료의 익힘 정도도 함께 점검하며 불의 세기와 조리 시간을 조정하세요.

- 영양소 파괴를 최소화하는 조리법

영양소를 최대한 보존하면서 조리하려면 짧은 시간 동안 가열해 신선함을 유지해야 합니다. 고온에서 조리하면 영양소가 쉽게 파괴될 뿐만 아니라, 염증을 유발하고 노화를 촉진하는 당독소가 생성될 수 있습니다. 따라서 높은 열에서 오래 볶는 조리법보다 중약불에서 짧게 찌거나 삶는 조리법을 선택하는 것이 좋습니다. 특히 채소를 볶을 때 물을 약간 넣고 뚜껑을 덮어 익히면 영양소를 보호하면서도 촉촉한 식감을 유지할 수 있습니다.

특히 열에 민감한 시금치·브로콜리·케일·양배추 등의 채소는 가급적 짧은 시간 내에 조리하는 것이 좋습니다. 하지만 생채소를 소화하기 어렵거나 식감 때문에 먹기가 힘들다면 충분히 익혀 자신에게 맞는 방식으로 섭취하세요.

– 염증 줄이는 요리법

염증을 줄이는 식재료와 조리법을 선택하기만 해도 더욱 건강해질 수 있어요. 가열된 기름은 체내 염증과 산화 스트레스를 증가시킬 수 있어 몸에 염증이 많을 땐 기름 대신 물을 사용하거나 기름의 양을 줄이고, 고온에서 장시간 볶지 않도록 유의합니다.

카놀라유·포도씨유·해바라기유와 같은 씨앗 기름은 오메가-6지방산이 많아 염증을 유발할 수 있으므로 엑스트라 버진 올리브오일이나 아보카도오일처럼 건강한 기름을 선택하세요. 참기름이나 들기름은 가열하면 발암물질이 생성될 수 있어 볶는 용도로 사용하기보다는 생으로 섭취하는 편이 안전합니다. 또한 빛과 열에 노출된 기름은 쉽게 산패하여 독소처럼 작용할 수 있으므로 밀봉하여 서늘한 곳에 보관하고, 최대한 빠르게 소진해야 합니다.

조리 도구의 선택도 건강에 영향을 미칠 수 있습니다. 스테인리스나 나무와 같은 안전한 재질을 사용하는 것이 가장 좋습니다. 플라스틱 조리 도구는 미세플라스틱과 환경호르몬이 배출될 위험이 있어 가급적 피하는 걸 추천합니다. 실리콘 제품도 가열 시 유해 물질이 나올 가능성이 있기 때문에 가열 시에는 사용을 자제하는 편이 바람직합니다.

PART 0

기본 요리

현미밥

저는 '식사' 하면 밥 짓는 구수한 냄새가 가장 먼저 떠오르는데요. 실제로 저는 현미밥을 꾸준히 먹으며 건강을 회복했고, 매 끼니 현미밥과 채식 식사를 통해 염증이 사라지고 체중이 줄어드는 경험을 했어요. 현미는 식이섬유와 영양소가 풍부해 혈당을 천천히 올리고, 독소를 배출하는 데도 큰 도움을 줍니다.

발아 현미는 현미에 싹을 틔운 것으로, 더 많은 영양소를 포함하는 데다 식감이 부드러워 소화도 더 잘됩니다. 일반 현미는 껍질에 포함된 렉틴과 피틴산 같은 소화 저해 물질을 제거하기 위해 조리 전 12시간 정도 물에 불려야 하지만, 발아 현미의 경우 발아 과정에서 이러한 물질이 줄어들기 때문에 물에 불리는 과정을 생략할 수 있습니다.

현미밥이 자연식물식의 기본인 만큼 가장 맛있게 밥 짓는 법을 알려드릴게요.

| 재료 | 유기농 현미 또는 발아 현미 2컵 | 4인분 |

(·1컵＝180mL)

물 3컵

사방 3×3cm 다시마 1조각 또는 물 1컵당 소금 1꼬집

냄비 압력솥

만드는 법

1   커다란 볼에 (발아)현미를 넣고 양손으로 비비며 물이 맑아질 때까지 2~3번 헹군다.

2   현미가 넉넉히 잠길 만큼 물을 붓고 다시마 한 조각이나 소금 3꼬집을 넣은 뒤 냉장고에서 12시간~하루 정도 불린다.

3   불린 쌀의 물을 버리고 한 번 더 씻은 뒤 압력솥에 넣고 물 3컵을 추가한다.

4   압력솥을 센불에 올려 가열하다가 추가 울리면 중약불로 낮춰 발아 현미는 10~15분, 일반 현미는 15~20분간 더 익힌다.

5   불을 끄고 10분 정도 뜸을 들인다. 이때 압력솥의 압력을 강제로 빼지 않는다.

6   젖은 주걱으로 십(十)자를 그리며 냄비의 바닥까지 뒤집어 섞어 밥을 완성한다.

· 쌀 1컵의 용량은 기존 200ml가 아니라 180ml이니 유의하세요!

· 물의 양은 일반 현미의 경우 쌀 부피의 1.2~1.5배, 발아 현미는 1.5배로 맞춰 주세요.

· 겨울엔 상온에서 불려도 괜찮으나 여름에는 반드시 냉장고에서 불립니다.

· 쌀의 수분 함량·화력·쌀 양에 따라 물의 양이 달라질 수 있으니 조절하세요.

· 조·기장·수수·퀴노아 등 알칼리성 곡물을 2가지 정도 추가하면 더욱 영양 가 높은 밥을 즐길 수 있습니다.

전기 압력솥

만드는 법

1   커다란 볼에 (발아)현미를 넣고 양손으로 비비며 물이 맑아질 때까지 2~3번 헹군다.

2   현미가 넉넉히 잠길 만큼 물을 붓고 다시마 한 조각이나 소금 3꼬집을 넣은 뒤 냉장고에서 12시간~하루 정도 불린다.

3   불린 쌀의 물을 버리고 한 번 더 씻은 뒤 전기 압력솥에 불린 쌀과 물 3컵을 넣고 일반 현미는 현미 모드, 발아 현미는 백미 모드로 취사한다.

4   젖은 주걱으로 십(十)자를 그리며 압력솥의 바닥까지 뒤집어 섞어 밥을 완성한다.

· 건져낸 다시마와 건표고버섯은 잘게 썰어 국이나 반찬에 활용해요.

· 완성된 채수는 건더기를 건져낸 상태에서 최대 4일까지 냉장 보관 가능합니다.

· 장기간 보관하려면 만든 날짜를 적어 라벨링 후 냉동 보관합니다.

만능 채수

채수는 맛있는 국물 요리의 비결이자 다양한 음식에 감칠맛을 더하는 만능 재료입니다. 나물을 무치거나 볶고 조릴 때 물 대신 채수를 사용하면 맛이 한층 깊어지거든요. 재료도 다시마와 표고버섯뿐이라 간단하고, 불필요한 첨가물은 들어가지 않아 안심하고 먹을 수 있어요. 양파 껍질과 뿌리, 무, 대파 뿌리 등 손질 후 남은 자투리 채소를 함께 넣어 끓이면 풍미가 깊어질 뿐 아니라 버리는 재료 없이 알뜰하게 사용했다는 뿌듯함도 느낄 수 있어요.

재료 | **(물 1L 기준)**
사방 15×15cm 다시마 1장
건표고버섯 2~3개

만드는 법

1 밀폐 용기에 준비한 물과 다시마, 건표고버섯을 모두 넣는다.

2 상온에서 3~4시간 또는 냉장고에서 하룻밤 우린다.

3 냄비에 우린 물과 건더기를 모두 넣고 센불로 끓이다 채수가 끓어오르면 다시마와 거품을 건져낸다.

4 중약불로 낮추고 15분간 더 끓인 뒤 버섯을 건져 완성한다.

덧붙이

- 콩을 불리면 부피가 최대 2배까지 늘어나니 충분한 크기의 볼과 냄비를 준비하세요.
- 콩의 종류에 따라 삶는 시간을 조절하세요. 완두콩·렌틸콩 등 작은 콩은 10~20분, 병아리콩·팥·강낭콩·대두 등 단단하거나 큰 콩은 30분~1시간 정도 삶습니다.
- 압력솥을 사용하면 조리 시간을 줄이고 항영양소를 더 효과적으로 제거할 수 있어요.

삶은 콩

콩은 건강한 식물성 단백질을 제공하지만 소화를 방해하는 물질도 포함하고 있어서 반드시 하루 동안 물에 불린 뒤 삶아 먹어야 합니다.
삶은 콩은 한 번 만들어두면 샐러드에 넣어 먹기에도, 갈아서 콩물로 만들거나, 으깨서 스프레드로 활용하기에도 좋습니다. 특히 쌀과 함께 먹으면 부족한 아미노산을 보충할 수 있어 매우 궁합이 좋으니, 밥을 할 때 하루 정도 불린 콩을 추가해 보세요. 이때 물은 콩과 동일한 양을 더 넣어주시면 됩니다.

재료 | 콩 3컵
　　　소금 1작은술

만드는 법

1　상한 콩을 골라낸 뒤 건강한 콩들을 큰 볼에 넣고 물을 받아 양손으로 비벼 2~3번 씻는다.

2　콩의 2~3배 정도 되는 양의 물을 넣고 냉장고에서 12시간~하루 동안 불린다.

3　불린 콩을 물에 한 번 헹군 뒤 냄비에 콩 부피의 2~3배 정도 물과 소금 1작은술을 넣고 센불에서 끓인다.

4　물이 끓으면 중약불로 낮춰 30분~1시간 동안 삶는다.

5　삶는 중간 손으로 콩을 눌러 부드럽게 으깨지면 불을 끄고 체에 밭쳐 물을 빼 완성한다.

식물성 우유

소의 젖으로 만든 유제품은 장 내벽을 자극해 염증을 늘리고 장누수증후군을 악화시킬 수 있어 치유 기간 동안에는 섭취량을 줄이거나 끊기를 추천합니다. 실제로 유제품을 완전히 끊고 식물성 우유로 바꾼 후 속이 편해지고 염증도 줄었다는 경험담이 많아요.

식물성 우유는 다양한 요리에 유제품 대신 사용하기에 손색이 없어요. 저는 주로 두유를 만들어 먹지만, 때에 따라 오트밀크나 아몬드밀크를 만들기도 합니다. 만드는 방법도 간단하고 유제품을 줄이는 데 도움이 되니 꼭 시도해 보세요!

덧붙이

· 생견과류 대신 볶은 견과류를 쓰면 물에 불리는 과정을 생략할 수 있어요.

· 더 부드러운 식감을 원한다면 삶은 콩을 찬물에 담가 껍질을 벗긴 뒤 갈아주세요. 반대로 걸쭉한 식감을 원한다면 재료 비율을 높이거나 체에 거르는 과정을 생략합니다.

· 면포나 체로 거르고 남은 찌꺼기는 스무디·패티·쿠키 등으로 활용할 수 있습니다.

· 다양한 맛을 원한다면 마지막에 카카오파우더·시나몬파우더·메이플시럽·바닐라 익스트랙 등의 향신료를 조금씩 넣어 취향에 맞게 조절하세요.

· 식물성 우유는 밀봉 후 냉장고에서 3일까지 보관할 수 있으나 가능한 한 빠르게 소진합니다.

· 시간이 지나면 침전물이 생길 수 있으니 마시기 전에 잘 흔들어주세요.

캐슈너트밀크

2인분

재료 | 생캐슈너트 1컵
물 3컵
소금 1/4작은술

만드는 법

1   깨끗이 씻은 캐슈너트를 큰 볼에 담고, 캐슈너트의 2배 되는 물을 부어 냉장고에서 8시간 이상 불린다.

2   물을 버리고 불린 캐슈너트를 한 번 헹군 후 블렌더에 물 3컵, 소금과 함께 부드럽게 간다.

3   고운 면포나 체에 걸러 완성한다.

아몬드밀크

2인분

재료 | 생아몬드 1컵
물 3컵
소금 1/4작은술

만드는 법

1 깨끗이 씻은 아몬드를 큰 볼에 담고, 아몬드의 2배 되는 물을 부어 냉장고에서 8시간 이상 불린다.

2 물을 버리고 불린 아몬드를 한 번 헹군 후 블렌더에 물 3컵, 소금과 함께 부드럽게 간다.

3 고운 면포나 체에 걸러 완성한다.

오트밀크

(2인분)

재료 | 압착 귀리 1컵
물 3컵
소금 1/4작은술

만드는 법

1　　압착 귀리를 큰 볼에 담고, 귀리의 2배 되는 물을 부어 냉장고에서 30분간 불린다.

2　　불린 귀리와 물을 블렌더에 그대로 붓고 소금을 넣어 부드럽게 간다.

3　　고운 면포나 체에 걸러 완성한다.

두유

재료	대두 또는 서리태 등 두유용 콩 1컵
	물 3컵
	소금 1/4작은술
	(선택) 잣 등 견과 · 씨앗류 1/3컵

만드는 법

1   삶은 콩을 준비한다. (80쪽 삶은 콩 레시피 참고)

2   준비한 삶은 콩을 블렌더에 넣고 물 3컵, 소금, 잣과 함께 부드럽게 간다.

3   고운 면포나 체에 걸러 완성한다.

두유 요거트

언젠가부터 그릭 요거트가 건강한 아침 식사의 필수 메뉴가 되었지요. 하지만 시판 요거트에는 당과 포화지방이 많아 피부염을 악화시킬 수 있어요.

그래서 저는 건강까지 챙길 수 있는 맛있는 두유 요거트를 추천합니다. 무가당 두유와 비건 유산균파우더만 있다면 특별한 장비 없이 집에서도 손쉽게 만들 수 있거든요. 물론 온도에 민감한 유산균 때문에 처음에는 시행착오를 겪을 수 있지만, 만들다 보면 점차 요령이 생깁니다. 더 간편하게 만들고 싶다면 요거트 메이커를 활용하는 것도 좋은 방법이에요.

이렇게 만든 두유 요거트는 요거트볼 뿐만 아니라 베이킹, 오버나이트 오트밀, 스무디 등 다양한 음식에 활용할 수 있어요.

재료 | 무가당 두유 5컵
비건 유산균파우더 1/2작은술

(4인분)

전기밥솥

만드는 법

1   전기밥솥에 두유와 비건 유산균파우더를 넣고 잘 섞는다.

2   밥솥의 뚜껑을 닫고 1시간 동안 보온 모드로 유지한다.

3   밥솥의 전원을 끄고 뚜껑을 닫은 채 10~12시간 정도 둔다.

4   요거트가 걸쭉해지고 신맛이 느껴지면 냉장고에 넣고 차게 식혀 완성한다.

유리병

만드는 법

1   깨끗한 유리병에 두유와 비건 유산균파우더를 넣고 잘 섞는다.

2   유리병 뚜껑을 단단히 밀봉한 뒤 25~30도 정도의 따뜻한 공간에서 8~12시간 정도 보관 한다.

3   요거트가 걸쭉해지고 신맛이 느껴지면 냉장고에 넣고 차게 식혀 완성한다.

요거트 메이커

만드는 법

1　깨끗이 씻은 용기에 두유를 넣고 전자레인지에 40초간 데운다.

2　살짝 데운 두유에 비건 유산균파우더를 추가하고 잘 저어준 뒤 요거트 메이커에 넣고 8~12시간 발효시킨다.

3　완성된 두유 요거트를 냉장고에 넣고 차게 식혀 완성한다.

덧붙이

· 유산균파우더는 시중에서 쉽게 구할 수 있습니다. 인터넷을 통해 구매할 수도 있어요.

· 온도가 너무 낮거나 발효 시간이 짧으면 발효가 충분히 되지 않고, 온도가 너무 높거나 발효 시간이 너무 길면 유산균이 죽거나 신맛이 강해질 수 있으니 온도와 시간 조절에 신경 써주세요.

· 기온이 낮은 겨울철에는 수건이나 담요를 덮어 보온하면 더욱 잘 발효됩니다.

· 발효가 끝나면 반드시 냉장 보관 하고 5일 안에 섭취하세요.

· 완성된 요거트가 너무 묽다면 한천가루 1작은술을 넣어 농도를 조절하세요.

· 더 꾸덕한 두유 그릭 요거트를 원한다면 체에 고운 면보를 깔고 요거트를 부은 뒤 무거운 것으로 2~3일간 눌러두어 유청을 분리하세요.

셀러리주스

셀러리주스는 마그네슘과 천연 나트륨 같은 무기질이 풍부해서 독소 해독과 배출에 도움이 됩니다. 특히 장을 깨끗하게 만들기 때문에 매일 아침 공복에 섭취하면 화장실도 잘 갈 수 있고 피부도 맑아져요.

셀러리주스를 만들 때는 물을 추가하지 않고 100% 셀러리만을 재료로 해야 가장 효과가 좋다고 하니 가능한 한 다른 재료는 첨가하지 않습니다.

착즙기를 이용하면 같은 양 대비 더 많은 무기질을 섭취할 수 있고, 블렌더를 이용하면 셀러리를 통째로 갈기 때문에 더 많은 식이섬유를 섭취할 수 있어 포만감이 더 큽니다. 원하는 영양소나 식감에 따라 주스와 스무디 중 선택해 만들어 드세요. 평소 식이섬유를 많이 섭취하는 편이라면 셀러리주스가 더 잘 맞을 수 있습니다.

착즙기 버전

만드는 법

1 셀러리는 깨끗한 물에 꼼꼼히 씻은 뒤 단단한 밑동을 제거하고 적당한 크기로 자른다.

2 손질한 셀러리를 착즙기에 넣고 즙을 내 완성한다.

3 아주 맑은 즙을 원한다면 면포나 체에 한 번 더 걸러 작은 섬유질 찌꺼기를 완전히 제거한다.

블렌더 버전

만드는 법

1   셀러리는 깨끗한 물에 꼼꼼히 씻은 뒤 단단한 밑동을 제거하고
     2~3cm 크기로 자른다.

2   자른 셀러리를 블렌더에 넣고 갈아준다. 이때 가능한 물은 넣지
     않는다.

3   면보나 체에 한 번 더 걸러 완성한다.

덧붙이

· 셀러리주스를 마시고 15~30분 정도 지난 뒤에 음식을 섭취하세요.

· 셀러리주스는 상하기 쉬우니 하루 안에 먹을 양만 남기고 나머지는 냉동 보관
  하세요.

· 처음에는 셀러리의 쓴맛이 부담스러울 수 있어요. 이때는 레몬이나 키위·사
  과·오이 등을 소량 넣어 함께 갈아보세요.

· 냉동한 셀러리주스를 해동할 때는 상온에 충분히 두어 너무 차갑지 않은 상태
  에서 마시는 것이 좋아요.

· 공복에 마셨을 때 속이 쓰리다면 식사 후 2시간 뒤에 소량으로 시도해 보세요.

· 처음에는 하루에 1~2컵 정도로 시작하고, 익숙해지면 점차 양을 늘려가세요.

찐 고구마

건선을 치유했던 겨울 동안에만 고구마를 다섯 상자는 먹었던 것 같습니다. 그때는 아침에 고구마를 찌는 일이 하루의 시작일 정도였으니까요. 자연식물식 위주의 식사를 처음 시작하면 소화가 잘되어 금방 허기가 지는데, 그럴 때마다 찐 고구마가 훌륭한 간식이 되어주었습니다. 포근하고 단맛 가득한 고구마는 추운 계절에 특히 더 맛있는데요. 껍질에 영양분이 풍부하니 깨끗이 씻어 껍질째 먹기를 추천해요. 그냥 먹어도 좋지만, 땅콩버터를 곁들이면 고소한 풍미가 더해져 색다른 맛을 즐길 수 있어요. 고구마무스나 수프같이 다양한 요리에 활용할 수도 있답니다.

재료 | **주먹 2개 크기 고구마 3~4개**

만드는 법

1 고구마를 껍질째 먹을 수 있도록 세척 솔로 잘 문질러 깨끗이 씻는다.

2 고구마의 양쪽 꼬투리를 칼로 자른다.

3 고구마를 찜기에 넣고 센불에 올린 뒤 물이 끓으면 중불로 줄여 30~40분 정도 익힌다.

4 젓가락으로 찔렀을 때 쉽게 들어갈 정도가 되면 뚜껑을 닫고 불을 끈 뒤 5분 정도 뜸을 들여 완성한다.

구운 고구마

구운 고구마 특유의 겉은 바삭하고 속은 촉촉한 맛은 참 별미이지요.
사실 높은 온도로 가열하면 염증을 일으키는 당 독소가 발생하기 때문
에 삶거나 찌는 방식이 건강에는 더 좋지만, 가끔은 일상의 즐거움도
필요한 법이니까요. 구운 고구마는 굽는 과정에서 수분이 날아가 혈당
을 더 빠르게 올릴 수도 있지만 시나몬 가루를 뿌리거나 따뜻한 차나
두유를 곁들이면 혈당 조절에 도움이 됩니다. 고구마가 반쯤 익었을
때 한 입 크기로 잘라 한 번 더 익히면 쫀득한 고구마말랭이가 완성됩
니다. 344쪽에서 더 자세한 레시피를 확인하세요.

재료 │ **주먹 2개 크기 고구마 3~4개**   ⟨2인분⟩

만드는 법

1   고구마를 껍질째 먹을 수 있도록 세척 솔로 잘 문질러 깨끗이
     씻는다.

2   고구마의 양쪽 끝을 칼로 자른다.

3   고구마를 에어프라이어에 넣은 뒤 70도에서 30분간 익힌다.

4   온도를 180도로 올린 뒤 20분 동안 굽고, 한 번 뒤집은 후 20분
     더 굽는다.

5   젓가락으로 찔렀을 때 쉽게 들어갈 정도가 되면 마무리한다.

구운 견과 · 씨앗류

어릴 때는 땅콩 같은 견과류를 그다지 좋아하지 않았는데, 어느 순간부터 그 고소한 맛과 바삭한 식감에 빠지게 되었어요. 견과류와 씨앗류는 생으로 섭취할 경우 소화 저해 물질도 함께 먹게 되기 때문에 이를 줄이기 위해서는 물에 불린 후 가열하는 과정이 필요합니다.

그리고 불포화지방산이 풍부한 만큼 산패가 빠르게 진행될 수 있어 보관 방식이 중요해요. 볶은 후에는 밀폐 용기에 담아 냉동 보관 하면 신선함을 오래 유지할 수 있지만, 이 또한 3개월 이내에 섭취하는 것이 좋아요. 더불어 하루 한 줌(약 30g) 정도가 적정 섭취량이니 너무 많이 먹지 않도록 주의합니다.

물에 불리고 볶는 과정이 번거로울 수 있지만 이를 모두 감수할 만큼 직접 볶아 먹는 신선한 견과·씨앗류의 맛은 따라올 자가 없으니 꼭 시도해 보시길 추천합니다. 한 번 만들어두면 간식·소스·토핑 등 다양하게 활용할 수 있습니다.

재료 | 아몬드, 호두, 호박씨 등 견과·씨앗류 3컵   (20회분)

덧붙이 ─────────────────────────────────────

· 해바라기씨·호박씨처럼 크기가 작고 수분 함량이 낮은 씨앗류는 5~10분만
  구워도 충분합니다.

· 아몬드·캐슈너트·호두 같은 견과류는 껍질이 얇아 타기 쉬우니 중간에 꼭 뒤
  적여 주세요.

· 오븐이나 에어프라이어가 없다면 팬에서 약불로 5~10분간 볶아도 좋아요.

· 견과·씨앗류를 볶지 않고 물기를 완전히 제거한 상태로 보관하면 신선함을
  더욱 오래 유지할 수 있어요. 그러니 한번에 많이 볶아두기보다 먹을 만큼 소
  량씩 볶는 것을 추천해요. 볶지 않은 견과·씨앗류는 그래놀라를 만들 때 활용
  할 수 있습니다.

만드는 법

1   큰 볼에 견과 · 씨앗류를 넣고 물을 받아 양손으로 비벼 물이 맑
    아질 때까지 여러 번 헹군다.

2   견과 · 씨앗류의 2배 정도 되는 물을 붓고 냉장고에서 8~12시간
    동안 불린다.

3   불린 견과 · 씨앗류의 물을 버리고 한 번 더 헹군 뒤 체에 밭쳐
    물기를 뺀다.

4   키친타월로 꾹 눌러 물기를 제거한 뒤 넓은 쟁반에 펼쳐 서늘한
    곳에서 1~2시간 정도 말린다.

5   말린 견과 · 씨앗류는 150~180도로 설정한 오븐 또는 에어프라
    이어에 넣고, 중간중간 타지 않게 뒤적이며 10~15분간 굽는다.

6   익힌 견과 · 씨앗류를 완전히 식힌 후 밀폐 용기에 담아 냉동 보
    관한다.

맛간장

맛간장은 간장에 여러 가지 재료를 넣고 끓여 감칠맛을 더한 조미간장이에요. 일반 간장 대신 요리에 활용하면 요리에 깊은 풍미를 더할 수 있어요. 특히 구운 채소나 두부를 맛간장 소스나 양념에 찍어 먹으면 훨씬 맛있습니다.

재료 선택에 따라 다양한 맛을 내는 것도 가능하지만 간단한 버전으로도 충분히 맛있게 만들 수 있습니다. 천연 발효된 한식간장을 사용하면 소화를 돕는 효소가 풍부해 장 건강에도 도움이 됩니다. 완성된 맛간장은 내용물을 걸러 열탕 소독한 유리병에 담아 냉장 보관 하면 최대 4개월까지 사용 가능합니다.

재료 | 간장 1컵

물 1~2컵

사방 5×5cm 다시마 1장

건표고버섯 1개

양파 1/4개

대파 1/4개

레몬 1/2개

사과 1/2개

마늘 2톨

생강 1톨

20회분

만드는 법

1 보관 용기에 다시마와 건표고버섯을 넣고 간장과 물을 1:1 혹은 1:2 비율로 부은 뒤 냉장고에서 하룻밤 불린다.

2 불린 간장과 내용물을 냄비에 모두 붓고 양파, 대파, 마늘을 추가한 뒤 센불에서 10분간 끓인다.

3 간장이 끓기 시작하면 중약불로 낮추고 15분간 더 끓인다.

4 냄비에 레몬, 사과, 생강을 넣고 5분 정도 더 끓인 뒤 불을 끄고 한 김 식힌다.

5 체에 밭쳐 건더기를 제거하고 간장만 걸러내 요리를 완성한다.

덧붙이

· 간장의 염도에 따라 간장과 물의 비율을 조절하세요.

· 레몬과 사과를 빼고 만들면 물에 희석해 채수 대신 활용할 수 있어요.

덧붙이

· 간장의 염도에 따라 간장과 물의 비율을 조절하세요.

· 참기름을 넣고 싶다면 소스에 섞지 말고 마지막에 따로 뿌려주세요.

· 완성한 소스는 냉장 보관 하고 한 달 안에 사용하세요.

간장 마늘소스

간장에 마늘의 알싸한 맛이 더해져 누구나 친숙하고 맛있게 즐길 수 있는 소스예요. '오리엔탈소스'라는 이름으로 더 익숙한데, 서양식 비빔밥인 포케에 뿌려 먹으면 파는 맛이 부럽지 않습니다. 비빔밥을 만들 때 고추장 대신 써도 위에 부담을 줄이면서 맛있게 완성할 수 있고, 샐러드나 익힌 채소, 연두부에 곁들여도 톡 쏘는 맛이 더해져 맛이 살아나요.

간단하게 만들 수 있는 데다 마늘 덕분에 면역 강화에도 도움이 되니 첨가물과 단순당이 많은 시판 소스 대신 간장 마늘소스를 집에서 만들어 건강하게 즐겨보세요!

재료		10회분
	간장 4큰술	
	물 6큰술	
	식초 1.5큰술	
	다진 마늘 2큰술	
	현미 조청 1/2작은술	
	깨소금 1작은술	

만드는 법

1   볼에 모든 재료를 넣고 잘 섞는다.

2   깨끗한 용기에 담아 냉장고에서 30분간 숙성시켜 완성한다.

레몬 올리브소스

레몬의 상큼함과 올리브오일의 부드러움이 조화로워 가장 자주 만들어 먹는 소스입니다. 장수로 유명한 지중해 사람들이 즐겨 먹는 재료를 활용해, 비타민 C와 항산화 성분이 가득한 덕에 피부 재생에도 도움이 됩니다. 구운 채소, 흰살생선, 샐러드와 궁합이 좋고 한 입 먹으면 상큼한 소스의 맛에 스트레스가 날아가는 기분도 얻을 수 있어요. 만든 소스는 냉장 보관 해서 한 달 안에 소비하세요.

재료		4회분
	레몬즙 4큰술	
	엑스트라 버진 올리브오일 2큰술	
	다진 마늘 2큰술	
	소금 1/2작은술	
	후추 약간	

만드는 법

1   열탕 소독한 작은 유리병에 모든 재료를 넣고 흔들어 섞는다.

2   완성한 소스는 바로 사용하거나 밀폐 용기에 담아 냉장 보관 한다.

덧붙이

· 알싸한 맛을 더하고 싶다면 올리브오일의 양을 줄이고 다진 마늘을 조금 더 넣어보세요.

키위소스

새콤달콤한 맛 덕분에 샐러드드레싱으로 정말 자주 활용하는 소스예요. 키위에는 천연 단백질 분해 효소가 풍부해 소화를 돕고, 블루베리보다 루테인을 더 많이 포함하고 있어 눈 건강에도 좋습니다.

골드키위는 그린키위보다 더 달콤하고 부드러워 신맛을 잘 못 먹는 아이들도 맛있게 즐길 수 있어요. 만약 혈당 관리가 필요하다면 당도가 낮은 그린키위를 추천합니다. 키위를 깨끗이 씻어 잔털을 제거한 후 통째로 갈아 먹으면 과육만 먹을 때보다 더 많은 섬유소와 항산화 성분을 섭취할 수 있어요.

재료	잘 익은 키위 2개	4회분
	엑스트라 버진 올리브오일 1큰술	
	레몬즙 1큰술	
	소금 1/4작은술	

만드는 법

1   키위를 깨끗이 문질러 씻어 잔털을 제거한 후 양 끝의 딱딱한 꼭지를 도려낸다.

2   블렌더에 손질한 키위와 소스 재료를 모두 넣고 부드러워질 때까지 간다. 이때 필요하다면 소금이나 레몬즙을 추가해 간을 조절한다.

3   완성한 소스는 바로 사용하거나 밀폐 용기에 담아 냉장 보관 한다.

·푸드 프로세서 없이 블렌더나 믹서기만 있다면 견과류를 미리 살짝 다지거나
올리브오일을 좀 더 추가하세요.

·중간중간 맛을 보며 소금이나 레몬즙을 추가해 간을 조절하세요.

·완성한 소스는 냉장 보관 하고 일주일 안에 소비합니다.

·냉동할 시 6개월까지 보관이 가능하며, 한 번 먹을 분량만큼 나눠서 보관하는
것이 좋아요.

만능 페스토

페스토의 신선한 맛을 제대로 느끼려면 신선한 견과류와 산도 낮은 엑스트라 버진 올리브오일이 중요하니 특히 재료 선택에 신경써 주세요. 흔히 사용하는 바질 외에도 취나물·달래·냉이·미나리 같은 봄나물이나 고수·시금치·깻잎 같은 녹색 잎채소를 활용할 수 있습니다. 저는 취나물과 깻잎 페스토를 가장 좋아해요.

완성한 페스토는 리소토나 파스타에 넣어도 좋지만 채소 구이나 채소찜을 찍어 먹는 딥소스로도 제격입니다. 기름이 많이 들어가는 소스인 만큼 많은 에너지가 필요한 점심에 섭취하는 것을 추천합니다.

재료	
	생나물 2컵
	볶은 견과 · 씨앗류 1/4컵
	엑스트라 버진 올리브오일 3큰술
	레몬즙 1큰술
	마늘 1톨
	소금 1/8작은술

(4회분)

만드는 법

1   푸드 프로세서에 올리브오일 2큰술과 모든 재료를 넣고 간다.

2   푸드 프로세서를 작동했을 때 잘 갈리지 않으면 올리브오일을 조금씩 추가하며 질감이 부드러워질 때까지 간다.

3   열탕 소독한 유리병에 페스토를 옮겨 담고, 소스 표면을 올리브오일로 덮어 냉장 보관 한다.

두부 딥소스

두부와 아몬드가 들어간 고소한 소스로, 채소 스틱이나 찜·구이에 곁들이면 정말 맛있어요. 삶은 채소에 버무려 샐러드드레싱으로 활용하거나 샌드위치 스프레드로도 사용할 수 있어요.

두부에는 식물성 단백질과 칼슘·철분이 풍부해 뼈 건강에 도움을 주며 포만감도 오랫동안 지속됩니다. 두부 대신 삶은 병아리콩이나 불린 캐슈너트를 사용해도 좋고, 담백한 맛을 원한다면 견과·씨앗류를 빼고 두부만 사용해도 좋아요. 어떤 채소와도 잘 어울려 채소 섭취를 자연스럽게 늘릴 수 있는 소스이니 꼭 만들어보세요!

재료

두부 2컵
엑스트라 버진 올리브오일 2큰술
레몬즙 2큰술
아몬드 2큰술
소금 1작은술
후추 약간

(4회분)

만드는 법

1   두부를 체에 밭쳐 1시간 정도 간수를 뺀다.

2   끓는 물에 두부를 넣고 3분간 데친 뒤 건져내고 체에 밭쳐 물기를 제거한다.

3   블렌더에 준비한 재료를 모두 넣고 부드럽게 간다.

4   완성된 소스는 바로 사용하거나 밀폐 용기에 담아 냉장 보관 한다.

· 처음엔 가루처럼 보이지만 계속 갈다 보면 부드러운 버터 질감이 되니 인내심
  을 갖고 갈아주세요.
· 푸드 프로세서 없이 블렌더나 믹서기만 있다면 견과류를 미리 살짝 다지거나
  견과류가 따뜻할 때 조금씩 넣으며 갈아주세요. 그래도 잘 갈리지 않을 경우
  엑스트라 버진 올리브오일이나 코코넛오일, 아보카도오일 등 건강한 오일을
  1~2큰술 정도 추가합니다.
· 완성한 아몬드버터는 냉장 보관 하고 한 달 안에 사용하세요.

아몬드버터

아몬드버터나 땅콩버터 같은 식물성 버터는 포화지방이 많은 일반 버터보다 부담 없이 섭취할 수 있다는 것이 가장 큰 장점이지요. 빵이나 과일에 발라 먹으면 부드럽고 고소한 맛을 즐길 수 있고, 두유 요거트를 활용한 오버나이트 오트밀(오나오)이나 요거트볼과도 잘 어울려요. 아몬드 대신 캐슈너트·헤이즐넛·피칸 같은 다양한 견과류를 사용해도 좋으며, 간장·물·현미 조청을 넣어 섞으면 샐러드에 곁들이기 좋은 견과 소스가 완성됩니다. 아몬드버터에는 오메가-3 같은 불포화지방산과 마그네슘·칼슘 등 유익한 영양소가 풍부하지만, 열량이 높으니 하루 2큰술 이하로 섭취하세요.

재료 | **생아몬드 1컵**　　　　　　　　　　　　　　　(6회분)

만드는 법

1　생아몬드를 150~180도로 설정한 오븐 또는 에어프라이어에 넣고, 중간중간 타지 않게 뒤적이며 10~15분간 굽는다.

2　아몬드를 한 김 식힌 뒤 푸드 프로세서에 넣고 벽면을 주걱으로 잘 긁으며 5분 이상 간다. 이때 필요하면 소금을 넣어 간한다.

3　아몬드가 곱게 갈려 부드러운 버터 형태가 되면 깨끗한 유리병에 담아 냉장 보관 한다.

PART 1

한 그릇 요리

애호박 양배추덮밥

사실 덮밥이야말로 메뉴가 고민일 때 가장 자주 찾게 되는 초간단 요리지요. 이번 요리의 주재료인 애호박과 양배추는 항염 효과가 뛰어난데다 달달한 맛과 부드러운 식감으로 건강과 입맛을 동시에 만족시키는 효자 식재료입니다. 다만 두 채소 모두 탄수화물 함량이 높기 때문에 밥의 양은 줄이는 게 좋아요. 요리 마지막에 생들기름을 살짝 뿌리면 포만감을 높일 수 있습니다. 아삭한 식감을 더해주는 오이장아찌나 단무지와 함께 먹어도 좋습니다.

재료	유기농 (발아)현미밥 1.5공기	2인분
	애호박 1컵	
	양배추 3컵	
	간장 1작은술	
	들깻가루 1큰술	

만드는 법

1   깨끗이 씻은 양배추와 애호박을 4~5cm 크기로 썬다.

2   예열한 팬에 물 2큰술과 애호박을 넣고 1~2분간 볶는다. 재료가 눌어붙지 않도록 중간중간 물 2~3큰술을 추가한다.

3   애호박이 살짝 투명해지면 양배추를 넣고 2~3분간 볶는다.

4   간장을 추가해 잘 섞은 뒤 뚜껑을 닫고 3분간 더 익힌다.

5   뚜껑을 열고 들깻가루를 뿌려 잘 섞은 뒤 밥 위에 얹어 요리를 완성한다.

냉이볶음밥

냉이는 추운 겨울을 견디고 자라나는 강한 생명력을 가진 대표적인 봄
나물이지요. 덕분에 풍부한 영양소를 포함하고 있으며, 겨우내 쌓인
독소를 배출하는 데도 탁월합니다. 특히 간 기능을 도와 피로를 풀어
주기 때문에 봄철 춘곤증으로 힘들어하는 분들에게 추천해요.

특유의 향이 있지만 강하지 않아 다른 봄나물에 비해 호불호가 적은
편이에요. 무침·된장국·페스토 등 다양한 요리에 활용할 수 있지만, 볶
음밥으로 만들면 간단하면서도 영양 가득한 한 끼를 즐길 수 있어요.

재료 | 유기농 (발아)현미밥 2공기   (2인분)
냉이 2컵
양송이버섯 6개
다진 파 1큰술
소금 1작은술
깨소금 1작은술

만드는 법

1   깨끗이 씻어 흙을 제거한 냉이를 뿌리, 줄기, 잎 부분으로 나누
     어 0.5~1cm 길이로 썬다. 양송이버섯은 2~3등분 한다.

2   예열한 팬에 물 2큰술과 다진 파를 넣고 볶아 향을 낸 후, 손질
     한 냉이의 뿌리와 줄기 부분을 넣어 볶는다. 눌어붙지 않도록 중
     간중간 물 2~3큰술을 추가한다.

3   냉이의 숨이 죽으면 양송이버섯을 넣고 1분간 볶다가 밥과 소
     금을 추가한 뒤 3분간 잘 섞으며 볶는다.

4   냉이의 잎 부분을 추가한 뒤 마지막으로 1분 정도 더 볶는다.

5   불을 끄고 깨소금을 뿌려 요리를 완성한다.

청경채 버섯덮밥

짭짤한 소스가 청경채와 버섯을 부드럽게 감싸 말 그대로 입안에서 춤을 추는 덮밥입니다. 전분가루 덕분에 걸쭉해진 소스가 중화요리의 느낌을 내니, 풍미를 제대로 즐기고 싶다면 전분가루를 꼭 추가하길 추천합니다.

청경채에는 비타민 C와 식이섬유가 풍부한데, 햇볕에 말린 버섯과 함께 먹으면 피부 재생에 중요한 비타민 D까지 섭취할 수 있어요. 그러니 햇볕을 쬐기 어려운 겨울철, 피부를 건강하게 하고 속을 따뜻하게 만드는 음식이 필요할 때 꼭 만들어보세요.

재료

유기농 (발아)현미밥 2공기
청경채 2포기
표고버섯 1.5컵
다진 마늘 1.5큰술
다진 파 2큰술
간장 1.5큰술
전분가루 1큰술
깨소금 1작은술

2인분

만드는 법

1   표고버섯의 밑동을 잘라내고, 청경채는 한 장씩 뜯어 깨끗이 씻은 뒤 한 입 크기로 썬다. 물 3큰술과 전분가루 1큰술을 섞어 전분물을 만든다.

2   예열한 팬에 물 2큰술과 다진 마늘, 다진 파를 넣고 30초~1분간 볶는다. 재료가 눌어붙지 않도록 중간중간 물을 2~3큰술 추가한다.

3   마늘 향이 올라오면 표고버섯을 넣고 채즙이 나올 때까지 1~2분간 볶다가 청경채와 간장을 추가해 잘 섞은 뒤 뚜껑을 덮어 3분간 익힌다.

4   뚜껑을 열고 준비한 전분물을 팬에 조금씩 부어 소스의 농도를 맞춘다.

5   소스가 걸쭉해지면 준비한 밥 위에 올리고 깨소금을 뿌려 요리를 완성한다.

덧붙이

· 다진 마늘은 타기 쉬우니 중약불이 아닌 약불에서 예열한 뒤 볶아주세요.
· 싱겁다면 간장이나 소금을 조금씩 더하며 간을 맞춥니다.

된장 야채죽

힘들거나 아플 때 따뜻한 죽 한 그릇이 큰 위로가 되지요. 서양에서는 닭고기 수프가 이런 음식인데, '영혼을 위한 닭고기수프'라는 말까지 있을 정도입니다. 저에게는 이 요리가 바로 그래요. 된장의 깊은 감칠맛과 다양한 채소, 통곡물이 어우러져 소박하면서도 진한 맛을 느낄 수 있습니다.

부드러운 식감 덕에 소화가 잘되어 아침 식사를 할 때도, 속이 불편할 때도 부담 없이 즐길 수 있어요. 몸이 허하거나 피곤할 때 영양을 채워주는 든든한 한 끼입니다. 마지막에 뿌리는 김가루가 이 요리의 킥이니 꼭 챙겨주세요.

재료

유기농 (발아)현미 1컵

콩 1/5컵

양파 1/2컵

당근 1/2컵

무 1/2컵

미역 1/2컵

된장 1큰술

김가루 1큰술

소금 1/2작은술

2인분

1   냄비나 압력솥에 불린 현미와 콩, 물 3컵을 넣고 센불에서 끓인
    다. 물이 끓으면 중약불로 줄여 부드러워질 때까지 10~20분간
    더 끓인다.

2   통곡물이 익는 동안 미역과 채소를 0.5cm 크기로 썬다.

3   손질한 미역과 채소를 냄비에 넣고 5분간 끓인다. 채소가 익으
    면 된장과 소금을 넣어 잘 섞은 뒤 5분간 더 익힌다. 이때 물이
    부족하면 추가한다.

4   그릇에 담고 김가루를 뿌려 요리를 완성한다.

(덧붙이)

· 통곡물 · 해조류 · 채소는 취향에 따라 자유롭게 선택합니다.

· 남는 밥을 활용해도 좋아요.

· 좀 더 걸쭉한 식감을 원한다면 물의 양을 줄이거나 더 오래 끓여보세요.

미나리밥

봄을 대표하는 미나리의 향긋한 맛이 그대로 느껴지는 요리입니다. 미나리는 해독과 혈액순환에 탁월해 겨울 동안 몸에 쌓인 노폐물을 배출하는 데 도움을 줍니다. 저도 봄이 되면 꼭 미나리밥을 지어 먹는데, 먹을수록 몸이 점점 가벼워지는 게 느껴진답니다.

갓 지은 따끈한 미나리밥을 알싸한 맛이 일품인 달래장과 비벼 먹으면 맛은 물론이고 면역력까지 챙길 수 있습니다. 된장국, 나물무침과도 잘 어울리니 향기로운 미나리밥으로 봄을 시작해 보세요.

재료

미나리밥   (2인분)

유기농 (발아)현미 1.5컵

미나리 4컵

사방 3×3cm 다시마 1조각 또는 소금 2꼬집

달래장

달래 1/4컵

간장 1큰술

물 1큰술

깨소금 1작은술

만드는 법

1 현미를 깨끗이 씻어 큰 볼에 담고 넉넉히 잠길 만큼 물을 부은 뒤 다시마 한 조각이나 소금 2꼬집을 넣어 냉장고에서 12시간~하루 정도 불린다. 미나리는 깨끗이 씻어 1cm 길이로 자른다.

2 압력솥에 불린 현미를 넣고 그 위에 미나리를 올린 후 평소보다 2큰술 정도 적은 양으로 물을 맞춘다.

3 압력솥을 센불에 올려 가열하다가 추가 울리면 중약불로 낮추고 15~20분간 더 익힌다.

4 밥이 익는 동안 달래를 잘게 다지고 간장, 물, 깨소금과 섞어 달래장을 만든다.

5 불을 끄고 젖은 주걱으로 십(十)자를 그리며 밥솥의 바닥까지 뒤집어 섞은 후 그릇에 담고 달래장을 뿌려 요리를 완성한다.

（덧붙이）

압력솥이 없다면 전기밥솥을 사용해도 좋습니다.

취나물밥

산나물의 왕인 취나물은 비타민 A와 비타민 C, 철분이 풍부해 눈 건강과 빈혈 예방에 도움을 주며, 강력한 항산화 성분이 들어 있어 면역력을 강화해 주는 대표적인 산나물이에요. 구수한 향이 매력적이지만 강하지 않아 누구나 부담 없이 즐길 수 있어요.

갓 지은 취나물밥에 들기름과 간장을 살짝 더해 비벼 먹으면 산에서 만찬을 즐기는 신선이 된 기분을 느낄 수 있습니다. 따뜻한 콩나물국과 함께 먹으면 더욱 잘 어울립니다.

재료

| 취나물밥 | 2인분 |

취나물밥

유기농 (발아)현미 1.5컵

취나물 4컵

사방 3×3cm 다시마 1조각 또는 소금 2꼬집

비빔간장

간장 1큰술

물 1큰술

깨소금 1작은술

생들기름 1큰술

만드는 법

1 현미를 깨끗이 씻어 큰 볼에 담고, 넉넉히 잠길 만큼 물을 부은
뒤 다시마 한 조각이나 소금 2꼬집을 넣어 냉장고에서 12시간~
하루 정도 불린다. 취나물은 깨끗이 씻어 잎은 3~4cm, 줄기는
1~2cm 길이로 자른다.

2 압력솥에 불린 현미를 넣고 그 위에 취나물을 올린 후 평소보다
2큰술 정도 적은 양으로 물을 맞춘다.

3 압력솥을 센불에 올려 가열하다가 추가 울리면 중약불로 낮추
고 15~20분간 더 익힌다.

4 불을 끄고 젖은 주걱으로 십(十)자를 그리며 밥솥의 바닥까지
뒤집어 섞은 후 그릇에 담고 비빔간장을 뿌려 요리를 완성한다.

⬭ **덧붙이**
압력솥이 없다면 전기밥솥을 사용해도 좋습니다.

콩나물밥

열량은 낮고 포만감은 높아 체중 조절과 건강을 동시에 챙길 수 있는 요리예요. 저는 아삭한 식감을 좋아해서 콩나물을 따로 데치는데, 간편하게 만들고 싶다면 밥을 지을 때 함께 넣어 익혀도 좋아요. 다만 콩나물에서 물이 나오니 밥물은 살짝 적게 넣어주세요. 향긋한 달래장이 감칠맛을 더해주는데, 특히 조미되지 않은 김에 싸 먹으면 더욱 맛있습니다.

재료	콩나물밥	달래장	2인분
	유기농 (발아)현미밥 2공기	달래 1/4컵	
	콩나물 2컵	간장 1큰술	
		물 1큰술	
		깨소금 1작은술	

만드는 법

1   깨끗이 씻은 달래를 잘게 다지고 간장, 깨소금과 섞어 달래장을 만든다.

2   깨끗이 씻은 콩나물을 끓는 물에 넣고 데치다가 한 번 더 끓어오르면 중약불로 낮춰 총 4분간 익힌다.

3   데친 콩나물은 체에 밭쳐 식힌 후 2~3cm 길이로 자른다.

4   현미밥을 그릇에 담고 그 위에 자른 콩나물을 올린다. 준비한 달래장을 곁들여 요리를 완성한다.

톳밥

흔히 해조류라고 하면 김과 미역만 떠올리지만, 톳은 쌀알과 비슷한 식감이라 해조류에 익숙하지 않아도 누구나 부담 없이 즐길 수 있습니다. 양념장에 쓱쓱 비벼 먹으면 입안에서 바다의 향이 퍼지는 매력적인 메뉴입니다.

해조류의 수용성 식이섬유는 장내 유익균의 먹이가 되어 위장을 튼튼하게 하고, 유해 물질과 숙변을 제거하는 데 도움을 줍니다. 혈당과 콜레스테롤을 낮추는 효과도 있으니 매 끼니 해조류를 조금씩 섭취해 주세요.

재료 │ 톳밥   (2인분)

유기농 (발아)현미 1.5컵

염장 톳 1컵

사방 3×3cm 다시마 1조각 또는 소금 2꼬집

양념장

간장 1큰술

물 1큰술

깨소금 1작은술

생들기름 1큰술

148

만드는 법

1   현미를 깨끗이 씻어 큰 볼에 담고, 넉넉히 잠길 만큼 물을 부은
     뒤 다시마 한 조각이나 소금 2꼬집을 넣어 냉장고에서 12시간
     ~하루 정도 불린다.

2   염장 톳은 3~4번 물에 헹궈 소금기를 제거하고 20분간 물에 불
     린 뒤 물기를 꼭 짜내 1~2cm 길이로 자른다.

3   압력솥에 불린 현미를 넣고 그 위에 손질한 톳을 올린 후 평소
     보다 2큰술 정도 적은 양으로 물을 맞춘다.

4   압력솥을 센불에 올려 가열하다가 추가 울리면 중약불로 낮추
     고 15~20분간 더 익힌다.

5   불을 끄고 젖은 주걱으로 십(十)자를 그리며 밥솥의 바닥까지
     뒤집어 섞은 후 그릇에 담고 양념장을 뿌려 요리를 완성한다.

무밥

무밥은 사계절 내내 즐길 수 있지만, 특히 제철인 겨울에는 무가 더 달고 부드러워 더욱 맛있어요. '겨울 무는 인삼보다 좋다'는 말이 있을 정도로 무는 해독 작용이 뛰어나고 몸속 독소를 배출하는 데 탁월해요. 저 역시 건선을 치유할 때 겨울 무를 많이 즐겨 먹었답니다.

무는 구수한 현미와 궁합이 좋아요. 뜨끈한 무밥에 간장·김·깨소금을 듬뿍 뿌려서 비벼 먹으면 숟가락을 멈출 수 없을 정도랍니다.

재료	무밥	비빔간장	2인분
	유기농 (발아)현미 1컵	간장 1큰술	
	무 1.5컵	물 1큰술	
	사방 3×3cm 다시마 1조각	깨소금 1작은술	
	또는 소금 2꼬집	생들기름 1큰술	

만드는 법

1　현미를 깨끗이 씻어 큰 볼에 담고, 넉넉히 잠길 만큼 물을 부은 뒤 다시마 한 조각이나 소금 2꼬집을 넣어 냉장고에서 12시간~하루 정도 불린다. 무는 깨끗이 씻어 길게 채 친다.

2　압력솥에 불린 현미를 넣고, 그 위에 손질한 무를 올린 뒤 평소보다 2큰술 정도 적은 양으로 물을 맞춘다.

3　압력솥을 센불에 올려 가열하다가 추가 울리면 중약불로 낮추고 15~20분간 더 익힌다.

4　불을 끄고 젖은 주걱으로 십(十)자를 그리며 밥솥 바닥까지 뒤집어 섞은 후 그릇에 옮겨 담고 비빔간장을 곁들여 완성한다.

· 덜 익은 아보카도를 사과나 바나나와 함께 종이봉투에 넣어 상온에서 보관하면 빠르게 후숙할 수 있습니다.

· 잘 익은 아보카도는 냉장 보관 해야 신선함이 더 오래 유지됩니다. 손질하고 남은 아보카도는 레몬즙을 뿌린 후 밀폐 용기에 보관하면 갈변을 줄일 수 있습니다.

· 아보카도 손질이 어렵다면 냉동 아보카도를 사용해도 좋습니다.

부추 아보카도 비빔밥

부추와 아보카도의 조합이 조금 낯설게 느껴질 수 있지만, 부추의 알싸한 맛과 아보카도의 크리미한 식감이 의외로 잘 어울린답니다. 아보카도는 질 좋은 지방산이 풍부해 염증 개선과 혈당 조절에 도움을 주며, 포만감을 오래 지속시켜 줍니다. 더 든든한 한 끼를 원한다면 구운 두부를 추가하는 것도 좋은 방법이에요. 부추를 잘게 썰면 아이들도 부담 없이 먹을 수 있어요. 상큼한 레몬즙을 곁들인 샐러드나 아삭한 오이무침과 함께 즐겨 보세요.

재료		비빔간장	2인분
	유기농 (발아)현미밥 2공기	간장 1큰술	
	아보카도 1개	물 1큰술	
	부추 1컵	깨소금 1작은술	
	김가루 1큰술	생들기름 1큰술	

만드는 법

1   잘 익은 아보카도는 세로로 잘라 양손으로 비틀어 분리한 뒤 칼로 씨를 제거하고 과육을 숟가락으로 긁어내 얇게 썬다. 깨끗이 씻은 부추는 1~2cm 길이로 자른다.

2   그릇에 준비한 밥과 아보카도, 부추를 담은 후 김가루와 비빔간장을 뿌려 요리를 완성한다.

열무 된장비빔밥

여름이 반가운 이유 중 하나는 열무처럼 맛있고 신선한 채소가 풍성한 계절이기 때문이에요. 수분이 많고 상큼한 열무를 듬뿍 넣은 열무 된장비빔밥은 씹을수록 입맛을 돋우고, 비타민과 미네랄이 풍부해 여름철 체력 관리에도 도움을 줍니다. 된장의 유익균과 식이섬유까지 함께 섭취할 수 있어 장과 피부 건강에도 좋은 한 끼입니다. 시원한 오이냉국과 함께 곁들이면 무더위를 한 방에 날릴 수 있어요.

재료	유기농 (발아)현미밥 1공기	2인분
	열무 4컵	
	된장 1큰술	
	다진 마늘 1/2작은술	
	들깻가루 1큰술	

만드는 법

1   깨끗이 씻은 열무는 줄기부터 끓는 물에 넣고 1분간 데친 후, 잎까지 넣어 30초간 더 익힌다.

2   데친 열무를 체에 넓게 펼쳐 식힌 뒤 물기를 꼭 짜고 3~4cm 길이로 자른다.

3   볼에 된장과 다진 마늘, 들깻가루를 넣고 섞어 된장 양념을 만든 뒤 익힌 열무를 넣어 버무린다.

4   그릇에 현미밥을 담고, 조리한 열무무침을 올려 요리를 완성한다.

오이 연두부비빔밥

한 입 먹으면 제철 오이의 상쾌한 청량감과 부드러운 연두부의 조화가 입안 가득 퍼지는 비빔밥이에요. 무더운 날 가벼운 한 끼 식사로 제격이며, 시원한 콩물과 곁들여도 잘 어울립니다. 저열량 고단백 음식이라 다이어트에도 좋고, 소화에 부담이 적어 염증 걱정 없이 즐길 수 있어요. 순두부나 일반 두부를 사용해도 괜찮지만, 연두부 특유의 몽글몽글한 식감이 가장 맛있게 느껴지더라고요. 취향에 맞게 재료를 선택해, 봄나물 넣은 된장국과 함께 즐겨보세요!

2인분

재료

유기농 (발아)현미밥 2공기
연두부 3/4컵
오이 1컵
어린잎 1컵

레몬 간장소스
엑스트라 버진 올리브오일 1큰술
레몬즙 1큰술
간장 1/2큰술
홀그레인 머스터드 1/2작은술
다진 마늘 1/2작은술

만드는 법

1   깨끗이 씻은 오이는 먹기 좋은 크기로 자른다. 어린잎은 깨끗이 씻은 뒤 체에 받쳐 물기를 뺀다.

2   종지에 올리브오일과 레몬즙, 간장, 홀그레인 머스터드, 다진 마늘을 넣고 섞어 간장소스를 준비한다.

3   그릇에 현미밥을 담고 손질한 오이, 어린잎, 연두부를 올린 후 레몬 간장소스를 곁들여 요리를 완성한다.

현미 포케

현미 포케는 제가 자주 먹는 점심 메뉴 중 하나로, 간단하면서도 맛있고 건강한 요리예요. 재료를 한꺼번에 준비해 두었다가 밥에 넣고 데우기만 하면 되니, 말 그대로 3분 만에 완성되는 식사입니다.

기본적으로 현미밥과 샐러드 채소·애호박·양파·버섯이 들어가는데 열량이 더 필요한 날은 두부나 아보카도를 추가하기도 해요. 재료를 다양하게 바꿔 먹으면 일주일 내내 질리지 않고 즐길 수 있고 색감도 알록달록해 눈까지 즐거운 한 끼가 완성됩니다.

재료 | 유기농 (발아)현미밥 2공기　　　　　　　　　　　　　2인분

애호박 1컵

양파 1컵

미니 새송이버섯 1컵

브로콜리 1컵

유러피언 샐러드 3컵

소금 1/2작은술

포케 소스

간장 1작은술

물 1작은술

다진 마늘 1/2작은술

레몬즙 1작은술

생들기름 1작은술

깨소금 1작은술

만드는 법

1   애호박과 브로콜리를 깨끗이 씻은 뒤 한 입 크기로 썰고, 양파와 버섯도 동일한 크기로 썰어 준비한다. 유러피언 샐러드도 깨끗이 씻어둔다.

2   예열한 팬에 물 2큰술과 양파, 소금 1꼬집을 넣고 볶다가 양파가 갈색으로 변하면 애호박과 버섯을 추가해 함께 볶는다. 재료가 눌어붙지 않도록 중간중간 물을 2~3큰술 추가한다.

3   채소가 익어 채즙이 나오기 시작하면 브로콜리를 넣고 소금으로 간한 뒤 3분간 뚜껑을 덮어 익힌다.

4   종지에 포케 소스 재료를 넣고 잘 섞어 준비한다.

5   그릇에 현미밥을 담고 익힌 채소를 올린 뒤, 씻어둔 샐러드 채소를 손으로 찢어 올리고 소스를 뿌려 요리를 완성한다.

해초비빔밥

파래·미역·톳·다시마 등 다양한 해초를 넣어 바다의 영양이 가득한 비빔밥이에요. 상큼한 레몬 간장소스를 곁들이면 감칠맛과 미네랄이 풍부한 한 끼가 완성됩니다. 저는 매운 양념으로 인해 건선이 악화된 경험이 있어 잘 먹지 않지만, 만약 초장이 생각 난다면 국내산 고추로 만든 고추장에 식초와 감미료를 넣어 수제 초고추장을 너무 맵지 않게 만들어서 곁들여도 괜찮아요.

재료	유기농 (발아)현미밥 2공기	레몬 간장소스	2인분
	건미역 1/4컵	간장 1/2큰술	
	미역 줄기 1/4컵	물 1/2큰술	
	꼬시래기 1/4컵	레몬즙 1/2큰술	
	오이 1/4컵	다진 마늘 1작은술	
	당근 1/4컵	참기름 1작은술	
	양파 1/4컵	깨소금 1작은술	

만드는 법

1   건미역은 20분간 불리고 꼬시래기와 미역 줄기는 깨끗이 씻어 짠기를 제거한 후 끓는 물에 30초간 데친다.

2   오이, 양파, 당근은 씻어 채 썰고, 해초는 3~4cm 길이로 자른다.

3   종지에 레몬 간장소스 재료를 모두 넣고 섞어 준비한다.

4   그릇에 현미밥을 담고 손질한 해초와 채소를 올린 뒤 소스를 뿌려 요리를 완성한다.

오트밀 쑥리소토

시골에서 주말 농사를 짓는 부모님 덕분에 매년 봄마다 쑥을 활용한 다양한 요리를 만드는데요. 오트밀을 활용해서 리소토를 만들어도 색다른 맛을 즐길 수 있습니다. 구수하고 쫀득한 오트밀 사이로 은은한 쑥 향이 퍼져 더욱 깊은 맛이 느껴져요.

오트밀은 통곡물 중에서도 식이섬유가 풍부해 조금만 먹어도 포만감이 커 체중 조절에 도움이 됩니다. 저는 두유를 주로 사용하지만, 코코넛밀크를 넣으면 더욱 고소한 맛을 즐길 수 있어요.

재료

오트밀 1컵
쑥 4컵
양파 1/2컵
버섯 1/2컵
무가당 두유 1컵
다진 마늘 1작은술
채수 1/2컵
된장 1/2큰술
후추

2인분

만드는 법

1   쑥, 버섯, 양파를 깨끗이 씻어 잘게 다진다.

2   약불로 예열한 팬에 채수 2큰술, 다진 마늘과 양파, 소금 1꼬집을 넣고 30초~1분간 볶는다.

3   마늘 향이 올라오면 오트밀을 넣고 1~2분간 더 볶는다. 재료가 눌어붙지 않도록 중간중간 물 2~3큰술을 추가한다.

4   두유와 남은 채수를 모두 붓고 다진 쑥과 버섯을 넣은 뒤 오트밀이 부드러워질 때까지 2~3분간 저으며 익힌다.

5   된장을 넣고 잘 섞어 볶다가 그릇에 담고 후추를 뿌려 요리를 완성한다.

채소카레

한 솥 끓여두고 오래도록 즐겨 먹던 카레의 맛, 기억나시나요? 어릴 때 바쁜 엄마가 카레를 자주 해주셨던 이유를 어른이 되고 나서야 깨닫게 되었는데요. 다른 반찬 없이 카레 한 그릇만으로도 든든한 한 끼가 완성되고, 다양한 채소와 향신료 덕분에 영양까지 챙길 수 있기 때문이지요.

다만 시판 카레 가루에는 밀가루와 첨가물이 포함된 경우가 많아 직접 향신료를 배합해 만드는 편을 추천해요. 향신료를 활용해 카레를 만들면 한층 맛이 깔끔하고, 속도 훨씬 편안하다는 것을 느낄 수 있습니다.

재료	유기농 (발아)현미밥 2공기	(2인분)
	채수 3컵	
	당근 1/2컵	
	양파 1컵	
	브로콜리 1컵	
	버섯 1/2컵	
	전분가루 1큰술+물 3큰술(전분물)	

향신료 조합
커리파우더 1작은술
큐민파우더 1/4작은술
가람 마살라 1/8작은술
강황가루 1/8작은술
어니언파우더 2작은술
소금 1/4작은술

만드는 법

1   채소는 깨끗이 씻어 한 입 크기로 깍둑썰기 한다.

2   예열한 냄비에 채수 2큰술과 양파, 소금 1꼬집을 넣고 볶는다.
        눌어붙지 않도록 중간중간 채수를 2~3큰술씩 추가하며 양파에
        갈색빛이 돌면 나머지 채소를 모두 넣고 끓인다.

3   볼에 준비한 향신료 재료를 모두 넣고 섞는다.

4   채수가 끓으면 중약불로 낮춘 뒤 향신료를 조금씩 넣어 잘 섞는다.

5   젓가락으로 당근을 찔렀을 때 부드럽게 들어갈 정도가 되면 전분물을 붓고 농도를 조절해 완성한다.

덧붙이

· 향신료는 조금씩 넣어 맛을 보며 입맛에 맞게 조절하세요.

· 좋아하는 채소의 비율을 높이는 등 취향에 맞게 레시피를 변형해도 괜찮습니다.

고구마 코코넛카레

포르투갈의 한 비건 식당에서 큰 기대 없이 주문했다가 동생과 함께 그릇을 싹싹 비웠던 요리예요. 고구마의 달콤함과 캐슈너트의 고소함이 어우러져 부드럽고 깊은 맛을 내는데, 이 맛을 잘 기억해 두었다가 비슷하게 완성해 기뻤던 기억이 있어요.

코코넛밀크가 기본 재료라 고소하고 크리미한 맛을 좋아하는 분들의 취향에 꼭 맞을 거예요. 다만, 이 카레는 탄수화물이 많은 편이라 100% 현미밥보다는 단백질이 풍부한 퀴노아나 렌틸콩밥과 곁들일 때 영양 밸런스가 더 좋습니다.

재료

유기농 (발아)현미밥 2공기

코코넛밀크 1컵

채수 1컵

작은 고구마 2개

양파 1컵

다진 마늘 1작은술

캐슈너트 3큰술

고수 2큰술

소금 1꼬집

향신료 조합

커리파우더 1/2작은술

큐민파우더 1/8작은술

가람 마살라 1/8작은술

강황가루 1/8작은술

어니언파우더 1작은술

만드는 법

1 고구마는 껍질째 깨끗이 씻어 찜기에 넣고 5분간 찐 뒤 깍둑썰기 한다. 양파는 채 썰고, 고수는 잘게 다진다. 캐슈너트는 예열한 팬에 노릇하게 구운 뒤 절구로 거칠게 빻는다.

2 볼에 향신료 재료를 모두 넣고 잘 섞는다.

3 예열한 냄비에 채수 2큰술과 양파, 소금 1꼬집을 넣고 볶는다. 눌어붙지 않도록 채수를 부어가며 익히다 양파가 갈색이 되면 깍둑썬 고구마, 다진 마늘, 코코넛밀크, 남은 채수를 넣고 센불에서 끓인다.

4 물이 끓으면 중약불로 낮추고 고구마가 부드러워질 때까지 3~5분 정도 더 익힌 뒤 불을 끄고 한 김 식혀 블렌더로 곱게 간다.

5 냄비에 곱게 간 내용물을 다시 붓고 향신료를 넣어 잘 섞은 후 3분간 끓인다.

6 그릇에 현미밥을 담고 카레를 올린 뒤 빻은 캐슈너트와 고수를 올려 요리를 완성한다.

채소샤부샤부

늘 먹던 음식은 지겹고, 거창한 요리는 부담스러울 때 제격인 메뉴입니다. 식탁에 커다란 냄비를 두고 원하는 채소를 바로 익혀 먹을 수 있어 부담없이 많은 양의 채소를 섭취하기 좋은 방법이에요.

참깨·땅콩·간장·레몬 등 다양한 소스와 곁들이면 질리지 않고 계속해서 맛있게 즐길 수 있어요. 채소를 끓일 때 된장을 살짝 풀면 구수한 풍미가 더해집니다.

채소를 다 먹은 후에는 죽을 만들어 마무리하거나 현미국수를 넣어 잔치국수를 만들어 먹어도 맛있어요.

재료

채수 1.5L
배추 2컵
청경채 2컵
숙주 4컵
느타리버섯 1컵
팽이버섯 1컵
간장 2큰술
소금

2인분

땅콩소스
땅콩버터 1큰술
물 1큰술
간장 1/2큰술
현미 조청 1작은술

영양죽
현미밥 1공기
김가루 1/4컵
깨소금 1작은술

만드는 법

1 채소는 깨끗이 씻은 뒤 배추와 청경채, 버섯을 모두 한 입 크기로 자른다.

2 종지에 땅콩소스 재료를 넣고 잘 섞어 준비한다.

3 넓은 냄비에 채수를 붓고 센불에 올린 후 간장과 소금으로 간한다.

4 채수가 끓어오르면 손질한 채소를 넣어 익힌 후, 땅콩소스를 곁들여 먹는다.

5 채소를 다 먹고 난 뒤 채수를 1컵 정도 남긴 상태에서 현미밥, 김가루, 깨소금을 넣고 잘 저으며 익혀 죽을 완성한다.

⸻

덧붙이

· 땅콩소스 외에도 간장 마늘소스, 레몬소스 등 다양한 소스를 곁들여 보세요. 소스 레시피는 앞의 기본 요리에서 소개한 소스 레시피를 참고하세요.

· 두부·유부 등을 추가하면 더욱 든든한 한 끼가 됩니다.

냉이 감태김밥

봄의 기운이 한 입에 쏙 들어오는 초 간단 채식 김밥이에요. 감태가 향긋한 냉이를 부드럽게 감싸 조화로운 맛이 납니다. 예쁜 감태의 색감 덕분에 보기에도 고급스럽고 봄소풍이나 나들이에 챙겨가기 좋답니다. 기본 요리 파트에서 소개한 두부 딥소스(116쪽)를 곁들이면 더욱 고소하고 풍미가 깊어집니다.

감태가 없다면 일반 구운 김을 사용해도 괜찮고, 봄철 식곤증이 고민이라면 다진 콜리플라워를 볶은 뒤 밥에 섞어 가볍게 즐겨보세요.

재료

2인분

사방 20×20cm 감태 4~5장
유기농 (발아)현미밥 2공기
냉이 1.5컵
당근 1컵
소금 1/4작은술

현미밥 양념
참기름 1큰술
소금 1/2작은술

만드는 법

1   냉이는 꼼꼼히 씻어 뿌리의 흙을 모두 제거한 후 2~3cm 길이로 자른다. 당근은 깨끗이 씻어 채 썬다.

2   예열한 팬에 물 2큰술을 넣고 당근을 볶다가 노릇해지면 냉이를 추가해 볶는다. 재료가 눌어붙지 않도록 중간중간 물 2~3큰술을 추가하며 1~2분간 볶은 뒤 소금으로 간하고, 3분간 더 익힌다.

3   볼에 현미밥을 넣고 소금과 참기름을 넣어 잘 섞는다.

4   김발 위에 감태를 올리고 현미밥을 얇게 펼친 후 볶은 냉이와 당근을 얹어 김밥을 만다. 한 입 크기로 썬 뒤 그릇에 담아 요리를 완성한다.

(덧붙이)

· 갓 지은 밥일수록 찰져서 김밥을 싸기 수월합니다.

· 김밥을 쌀 때 손에 물을 묻히면 밥알이 손에 덜 붙어 더욱 쉽게 김밥을 말 수 있어요.

· 김밥이 칼에 달라붙거나 잘 잘리지 않는다면 칼을 불에 살짝 달군 후 잘라보세요. 훨씬 깔끔하게 자를 수 있습니다.

들기름 메밀국수

더운 여름날 시원하게 먹으면 기력 회복에 좋은 요리입니다. 샐러드 채소와 함께 먹으면 아삭한 식감을 더하고 혈당을 크게 높이지 않아 더욱 건강하게 즐길 수 있어요. 면만 삶으면 완성될 정도로 간단하지만 맛만큼은 깊고 풍성해 손님 초대상에도 잘 어울려요. 혹시 메밀에 알레르기가 있다면 미역국수나 현미국수로 대체해도 좋습니다.

재료	메밀면 2인분	들깻가루 1.5큰술	2인분
	김 1/2컵	간장 1/2큰술	
	오이 1/2컵	다진 마늘 1작은술	
	들기름 2큰술	레몬즙 1큰술	

만드는 법

1   깨끗이 씻은 오이는 얇게 썬다.

2   냄비에 물을 붓고 센불에 올린 뒤 물이 끓으면 메밀면을 넣는다. 끓어오를 때마다 물을 조금씩 부어 넘치지 않는 상태로 4분간 삶는다.

3   삶은 메밀면은 찬물에 헹군 뒤 체에 받쳐 물기를 뺀다.

4   볼에 들기름, 들깻가루, 간장, 다진 마늘, 레몬즙을 넣고 잘 섞은 뒤 메밀면과 잘게 부순 김을 넣어 버무린다.

5   그릇에 양념한 국수를 담고 얇게 썬 오이를 올려 요리를 마무리한다.

186

콩국수

고소하고 부드러운 맛이 일품인 여름 별미입니다. 입맛 떨어지기 쉬운 여름 밥상을 책임지는 이 요리의 핵심은 신선한 콩으로 만든 콩물이에요. 직접 만들기 어렵다면 첨가물 없는 국산 콩물이나 무가당 두유를 사용해도 좋아요. 콩의 풍부한 식이섬유와 영양소 덕분에 피부 건강에도 도움을 준답니다.

재료

현미국수 2인분
서리태 2컵
삶은 완두콩 1큰술
소금 1큰술

2인분

만드는 법

1   서리태는 깨끗이 씻은 뒤 콩의 2~3배 되는 물에 담가 냉장고에서 8시간 이상 불린다.

2   냄비에 불린 콩을 넣고 물을 부어 센불에서 끓인다. 물이 끓으면 중약불로 줄여 30~40분간 삶는다. 콩이 부드럽게 으깨지면 불을 끄고 체에 밭쳐 물을 뺀다.

3   블렌더에 삶은 콩과 찬물 3~4컵, 소금 1큰술을 넣고 곱게 간다.

4   냄비에 물을 붓고 센불에 올린 뒤 물이 끓으면 현미국수를 넣고 5분간 삶는다. 불을 끄고 3분간 뜸을 들인 뒤 국수를 건져 찬물에 여러 번 헹구고 체에 밭쳐 물기를 뺀다.

5   그릇에 국수를 담고 콩물을 부은 뒤, 삶은 완두콩을 올려 요리를 완성한다.

두릅 바질파스타

자연식물식을 시작하기 전에는 두릅을 잘 몰랐는데, 부드럽고 향긋한 맛을 지닌 매력적인 식재료더라고요.

두릅에는 비타민 C와 사포닌이 풍부해 면역력을 올려주고 신경을 안정시켜 줘 스트레스 해소에도 도움을 줍니다. 칼슘이 풍부해 골다공증 예방에도 좋아요.

보통은 두릅을 데쳐서 초장에 찍어 먹지만, 바질파스타와 곁들이면 두릅의 색다르고 향긋한 맛을 즐길 수 있어요. 파스타 대신 현미밥을 활용해 리소토로 만들어도 훌륭한 한 끼가 됩니다.

재료

| 파스타 면 2컵
| 두릅 2컵
| 다진 마늘 1큰술
| 소금 1.5큰술
| 후추

2인분

바질 페스토
바질 2컵
볶은 견과 · 씨앗류 1/4컵
엑스트라 버진 올리브오일 3큰술
레몬즙 1큰술
마늘 1톨
소금 1/8작은술

만드는 법

1 두릅을 깨끗이 씻어 끓는 물에 1분간 데친 뒤 먹기 좋은 크기로
  자른다.

2 블렌더에 바질 페스토 재료를 모두 넣고 곱게 갈아 페스토를 준
  비한다.

3 냄비에 물과 소금 1큰술을 넣고 끓인 후, 파스타 면을 넣어 삶는
  다. 물이 끓어오르면 중불로 줄이고, 면이 익으면 건져내 체에
  밭쳐 물기를 뺀다.

4 약불로 예열한 팬에 물 2큰술과 다진 마늘을 넣고 30초~1분
  간 볶은 후 파스타 면, 두릅, 페스토를 넣어 잘 섞으며 익힌다.
  너무 뻑뻑하면 면수를 추가해 농도를 조절한다. 이때 소금을
  0.5~1작은술 정도 넣어 간하고 1~2분간 더 볶는다.

5 그릇에 파스타를 옮겨 담고 후추를 뿌려 요리를 완성한다.

덧붙이

· 일반 파스타 대신 병아리콩이나 현미로 만든 글루텐 프리 파스타를 추천합니
  다. 다만 글루텐 프리 파스타는 퍼지기 쉬우므로 포장지의 조리 시간을 꼭 확
  인하세요.
· 면을 삶은 후 팬에서 한 번 더 볶기 때문에 포장지에 적힌 조리 시간의 절반에
  서 3/4 동안만 삶아주세요.

고구마순 된장파스타

고구마의 기다란 줄기를 파스타 면처럼 활용한 재밌고 건강한 요리예요. 정제 탄수화물을 줄이는 동시에 풍부한 식이섬유를 더해 가볍고 든든한 한 끼가 됩니다. 고구마순 특유의 은은한 단맛과 구수한 된장 소스가 어우러져 깊고 풍부한 맛을 즐길 수 있어요.

취향에 따라 고구마순의 익힘 정도를 조절할 수 있는데 아삭한 식감을 원하면 살짝 데쳐 사용하고, 부드럽게 먹고 싶다면 충분히 익혀주세요. 비타민 A가 풍부해 눈 건강과 면역력 강화에도 도움을 주니 환절기 건강을 챙기기에 딱 좋은 메뉴랍니다.

재료　　파스타 면 1컵　　　　　　　　　　　　　　(2인분)
　　　　고구마순 1컵
　　　　다진 마늘 1작은술
　　　　대파 1큰술
　　　　소금 1큰술
　　　　허브파우더
　　　　후추

　　　　된장소스
　　　　무가당 두유 1컵
　　　　채수 1/2컵
　　　　된장 1큰술
　　　　간장 1/2큰술
　　　　들깻가루 1큰술

만드는 법

1   끓는 물에 고구마순을 넣고 15초간 데친 후 체에 넓게 펼쳐 식힌다.

2   식힌 고구마순의 줄기 끝을 1cm 정도 꺾어 아래로 당기며 껍질을 벗긴 뒤 10cm 정도 길이로 자른다.

3   볼에 된장소스 재료를 넣고 잘 섞어 준비한다.

4   냄비에 물과 소금 1큰술을 넣고 끓인 후 파스타 면을 넣어 삶는다. 물이 끓어오르면 중불로 줄이고 면이 익으면 건져내 체에 밭쳐 물기를 뺀다.

5   약불로 예열한 팬에 물 2큰술과 다진 마늘, 대파를 넣고 30초 ~1분간 볶은 후 파스타 면, 고구마순, 된장소스를 넣고 잘 섞으며 익힌다. 너무 뻑뻑하면 면수를 부어 농도를 조절한다.

6   그릇에 파스타를 담고 파슬리 등 허브파우더와 후추를 뿌려 요리를 완성한다.

덧붙이

· 일반 파스타 면 대신 병아리콩이나 현미로 만든 글루텐 프리 파스타를 추천합니다. 다만 글루텐 프리 파스타는 퍼지기 쉬우므로 포장지의 조리 시간을 꼭 확인하세요.

· 면을 삶은 후 팬에서 한 번 더 볶기 때문에 포장지에 적힌 조리 시간의 절반에서 3/4 동안만 삶아주세요.

· 고구마순을 손질할 때는 손톱에 색이 들지 않도록 장갑을 착용하세요.

주키니 오일파스타

면 대신 주키니를 활용해 부담 없이 즐길 수 있는 가벼운 오일파스타예요. 저는 파스타 중에서도 풍미 가득한 알리오 올리오를 가장 좋아하지만, 가끔 곡물 면이 무겁게 느껴질 때가 있어요. 그럴 때 주키니를 활용하면 훨씬 가볍고 건강한 요리가 완성됩니다.

주키니는 열량이 낮고 수용성 식이섬유가 풍부해 가볍지만 소화가 잘 되는 채소예요. 특히 제철인 여름에 맛과 영양이 뛰어나고, 조직이 단단해 파스타 면처럼 활용하기에도 좋아요. 부드럽게 익은 통마늘과 주키니의 조화가 일품이라 누구나 부담 없이 맛있게 즐길 수 있습니다.

이 파스타는 오일뿐만 아니라 바질 페스토나 된장소스를 곁들여도 훌륭한 한 끼가 됩니다. 원하는 소스로 다양하게 응용해 보세요!

재료

주키니 1개

통마늘 4개

다진 마늘 1/2큰술

느타리버섯 1컵

엑스트라 버진 올리브오일 1큰술

소금 1/4작은술

허브파우더

후추

1인분

1 주키니를 깨끗이 씻은 후 슬라이서로 길게 저며서 넓적한 면 모양으로 만든다.

2 약불로 예열한 팬에 물 2큰술과 통마늘을 넣고 뚜껑을 덮어 10분 정도 익히다가 다진 마늘을 넣어 30초~1분간 볶는다. 재료가 눌어붙지 않도록 중간중간 물을 2~3큰술 추가한다.

3 마늘 향이 올라오면 버섯을 넣고 볶다가 채즙이 나오면 주키니와 올리브오일을 추가하고 소금으로 간한 뒤 1분간 더 볶는다.

4 그릇에 담고 파슬리 등 허브파우더와 후추를 뿌려 요리를 완성한다.

덧붙이

슬라이서를 사용할 때 주키니의 끝부분을 포크로 고정하면 손을 다칠 위험을 줄일 수 있습니다.

샐러드 파스타

신선한 채소가 듬뿍 들어간 상큼한 샐러드 파스타는 불을 쓰지 않고 요리를 완성할 수 있어 더운 여름날 가볍게 먹기 좋아요. 다양한 채소 덕분에 여름철에 부족하기 쉬운 수분과 비타민, 미네랄도 보충할 수 있습니다.

포만감을 원한다면 두부나 그린 올리브, 아보카도 등 건강한 단백질과 지방을 추가해 보세요. 든든함이 오래가면서도 부담스럽지 않아 브런치 메뉴로도 좋고, 피크닉 도시락으로도 안성맞춤이에요.

저는 옥수수 알갱이의 톡톡 터지는 식감을 좋아해 빠뜨리지 않는데, 이 외에도 원하는 채소가 있다면 자유롭게 추가해 나만의 스타일로 만들어보세요.

재료

파스타면 1컵
양상추 4컵
양파 1/2컵
양송이버섯 8개
옥수수 1/2개
소금 1큰술
허브파우더
후추

드레싱
엑스트라 버진 올리브오일 1큰술
발사믹식초 1큰술
레몬즙 1큰술
어니언파우더 1큰술
소금 1/8작은술

2인분

만드는 법

1   양상추는 손으로 먹기 좋은 크기로 뜯고, 오이는 반달 모양으로
     썬다. 양파는 채 썬 뒤 물에 5분간 담가 매운맛을 제거한다.

2   옥수수는 껍질째 찜기에 넣어 찐 후, 알갱이만 분리해 모아둔다.

3   큰 볼에 드레싱 재료를 모두 넣고 잘 섞어 준비한다.

4   냄비에 물과 소금 1큰술을 넣고 끓인 후, 파스타 면을 넣어 삶는
     다. 물이 끓어오르면 중불로 줄이고, 면이 익으면 건져내 찬물에
     담근 후 체에 밭쳐 물기를 뺀다.

5   드레싱을 만든 볼에 파스타 면과 손질한 채소를 넣고 가볍게 버
     무린다.

6   그릇에 샐러드 파스타를 담고 파슬리 등 허브파우더와 후추를
     뿌려 요리를 완성한다.

덧붙이

- 일반 파스타 면 대신 병아리콩이나 현미로 만든 글루텐 프리 파스타를 추천합
  니다. 다만 글루텐 프리 파스타는 퍼지기 쉬우므로 포장지의 조리 시간을 꼭 확
  인하세요.
- 파스타 면을 너무 익히면 버무릴 때 뭉개질 수 있으니 살짝 단단한 상태로 익히
  는 것이 좋아요.
- 더욱 시원하게 즐기고 싶다면 드레싱과 채소를 미리 냉장고에 넣어 차갑게 보
  관한 후 섞어주세요.

바질 두부샌드위치

입맛 까다로운 가족들이 극찬한 요리인 만큼 자신 있게 소개하는 메뉴입니다. 부드러운 두부와 향긋한 바질 페스토, 깊은 풍미의 구운 양파가 만나 한 입 베어물 때마다 행복이 솟아납니다. 간단한 만큼 좋은 재료를 써야 제대로 맛이 나니 최대한 건강한 재료를 사용합니다.

2인분

재료	글루텐프리 쌀 식빵 4장	바질 페스토
	두부 2컵	바질 2컵
	양파 1컵	엑스트라 버진 올리브오일 3큰술
	소금 1/2작은술	볶은 견과 · 씨앗류 1/4컵
		마늘 1톨
		레몬즙 1큰술
		소금 1/8큰술

만드는 법

1   두부를 체에 밭쳐 간수를 뺀 뒤 1~2cm 두께로 썬다. 깨끗이 손질한 양파도 동일한 두께로 썰어 준비한다.

2   바질 페스토 재료를 블렌더에 넣고 곱게 간다.

3   예열한 팬에 물 2큰술과 두부, 양파를 올린 뒤 소금을 뿌리고 눌어붙지 않도록 중간중간 물을 부으며 굽는다.

4   구운 식빵의 한쪽 면에 바질 페스토를 바르고 양파와 두부를 차례로 올린 뒤 후추를 뿌린다. 마지막으로 식빵을 덮어 요리를 완성한다.

후무스 버섯 오픈샌드위치

후무스는 중동의 전통 음식으로, 병아리콩을 갈아서 만드는 크림 같은 질감의 딥소스예요. 중동에서 김치처럼 자주 먹는 대중적인 요리이며, 불포화지방산이 풍부해 건강식으로도 손꼽힙니다.

갓 삶은 병아리콩으로 만든 후무스는 정말 고소해서 혼자 먹기 아까울 정도예요. 빵 위에 후무스를 넉넉히 바르고, 구운 버섯과 양파, 잎채소 등 원하는 토핑을 올리면 간단하면서도 근사한 오픈샌드위치가 완성됩니다. 향신료가 낯설다면 큐민 가루를 제외해도 괜찮습니다.

병아리콩의 식이섬유와 단백질 덕분에 포만감이 오래 지속되면서도 위에 부담을 주지 않아요.

재료

글루텐프리 쌀 식빵 2장
양파 1컵
양송이버섯 1컵
소금 1/8작은술
후추

후무스
병아리콩 1컵
콩 삶은 물 1/5컵
엑스트라 버진 올리브오일 1큰술
참깨 1큰술
레몬즙 2작은술
마늘 1톨
큐민 가루 1/8작은술
소금 1/8작은술

만드는 법

1   반나절 이상 물에 불린 병아리콩을 냄비에 넣고 중약불에서 30분~1시간 동안 삶는다. 손으로 콩을 눌렀을 때 부드럽게 으깨지면 불을 끄고 체에 밭쳐 물기를 뺀다.

2   블렌더에 삶은 병아리콩과 나머지 후무스 재료를 모두 넣은 뒤 곱게 간다. 처음부터 물을 너무 많이 넣지 않고, 적은 양부터 추가하며 농도를 조절한다. 너무 되직하면 병아리콩 삶은 물을 1큰술씩 추가하며 원하는 질감으로 맞춘다.

3   양파는 채 썰고 버섯은 1~2cm 두께로 썬다.

4   예열한 팬에 물 2큰술, 양파, 소금 1꼬집을 넣고 물을 2~3큰술씩 추가하며 익히다가 양파가 갈색이 되면 버섯과 소금을 넣고 2~3분간 더 볶아 노릇하게 익힌다.

5   구운 식빵의 한쪽 면에 후무스를 넉넉히 바르고 그 위에 볶은 양파와 버섯을 차례로 올린 뒤 후추를 뿌려 요리를 완성한다.

덧붙이

· 병아리콩을 삶은 물은 버리지 말고 후무스를 만들 때 조금씩 추가하며 농도를 맞추는 데 사용하세요.
· 후무스는 샐러드에 곁들이거나 당근, 오이, 셀러리 같은 채소 스틱의 딥소스로 활용해도 좋습니다.

· 먹기 전 실온에 30분 이상 두어 너무 차갑지 않은 상태로 만든 뒤 섭취하세요.

· 오트밀크, 아몬드밀크, 두유 등 다양한 식물성 우유를 활용할 수 있습니다.

· 치아씨드를 1∼2큰술 넣어 불리면 포만감이 더욱 높아집니다.

· 자신이 좋아하는 견과류나 과일을 추가해 취향에 맞게 만들어보세요.

카카오 바나나 오나오

밥은 먹기 싫지만 건강하고 든든한 한 끼가 필요할 때, 카카오 바나나 오나오를 추천해요. '오나오'는 오버나이트 오트밀의 줄임말로, 오트밀과 식물성 우유를 섞어 하룻밤 동안 불려 먹는 간편한 음식이에요. 바나나 덕분에 설탕 없이도 자연스러운 단맛을 즐길 수 있고, 카카오의 항산화 성분과 오트밀의 식이섬유가 장과 피부 건강에도 도움을 줍니다. 더운 여름, 입맛이 없거나 초콜릿을 좋아하는 분들에게 더욱 매력적인 메뉴예요.

재료

오트밀 1컵
아몬드밀크 1.5컵
바나나 1/2개
블루베리 1/2컵
다진 견과·씨앗류 1/4컵
카카오파우더 1큰술
카카오닙스 1/2큰술
코코넛 슬라이스 1큰술

1인분

만드는 법

1 바나나를 길쭉한 병이나 용기에 넣고 포크로 으깬다.

2 코코넛 슬라이스를 제외한 모든 재료를 병에 넣은 뒤 아몬드밀크를 붓고 잘 섞는다.

3 코코넛 슬라이스를 토핑으로 올린 후 냉장고에서 3시간 이상 보관해 완성한다.

· 먹기 전 실온에서 30분 이상 두어 너무 차갑지 않게 만든 후, 시나몬파우더를
살짝 뿌려 섭취합니다.

· 오트밀크, 아몬드밀크, 두유 등 다양한 식물성 우유를 활용해 보세요.

· 자신이 좋아하는 견과류나 과일을 추가해 취향에 맞게 만들어보세요

단호박 비트 오나오

여름이 제철인 단호박의 달콤함과 비트의 부드러움이 어우러져 포근
하고 달달한 맛을 즐길 수 있는 요리입니다. 비트는 철분과 엽산, 망간
등 미네랄이 풍부하고, 혈관 건강과 혈액순환에 도움을 줍니다. 특유
의 핑크빛이 매력 포인트랍니다.

겨울에는 단호박 대신 고구마를 활용해도 좋으며, 비트가 낯설다면 바
나나로 대체할 수도 있어요. 마지막에 살짝 뿌리는 시나몬파우더가 맛
을 더욱 깊고 풍부하게 해주니 꼭 활용해 보세요.

재료	캐슈너트밀크 1.5컵	비트 1/2컵	(1인분)
	오트밀 1컵	땅콩버터 1/2큰술	
	단호박 1컵	시나몬파우더	

만드는 법

1   비트를 깨끗이 씻어 껍질째 찜기에 넣고 센불에 끓인다. 물이 끓으
    면 중불로 줄여 20분간 찐다.

2   찜기에 단호박을 추가해 20분 더 익히다가 젓가락으로 찔렀을 때
    부드럽게 들어가면 모두 꺼내 식힌다.

3   식은 단호박의 속을 파낸 다음 비트와 함께 1~2cm 크기로 깍둑썰
    기 한다.

4   길쭉한 병에 단호박, 비트, 오트밀, 캐슈너트밀크를 넣고 잘 섞는다.

5   땅콩버터를 올리고 냉장고에서 3시간 이상 보관해 완성한다.

・그래놀라(336쪽 참고)를 넣으면 바삭한 식감이 더해져 더욱 맛있어요.

・자신이 좋아하는 과일이나 토핑을 추가해 취향에 맞게 만들어보세요.

고구마 두유 요거트볼

두유 요거트의 고소하면서도 새콤한 맛과 고구마의 달콤한 맛이 만나 누구나 좋아할 만한 요리가 완성됩니다. 두유를 발효시켜 만든 두유 요거트에는 단백질과 유산균이 풍부해 장 건강에 도움을 주고 고구마의 베타카로틴은 면역력 강화에 좋아요. 두유 요거트 대신 그냥 두유를 써도 좋지만 개인적으로는 새콤한 두유 요거트가 더 맛있어요. 고구마나 단호박을 삶아 냉동해 놓으면 요리를 더욱 간단하게 완성할 수 있습니다.

재료	고구마 1.5컵	1인분
	두유 요거트 2컵	
	다진 견과 · 씨앗류 2큰술	
	시나몬파우더	

만드는 법

1 고구마를 깨끗이 씻어 껍질째 찜기에 넣고 센불에서 끓이다 물이 끓으면 중불로 줄인 뒤 20~30분간 찐다.

2 젓가락으로 찔러 부드럽게 들어가면 꺼낸 뒤 한 김 식힌 다음 먹기 좋게 자른다.

3 그릇에 두유 요거트(88쪽 참고)를 담고 잘라둔 고구마와 다진 견과 · 씨앗류, 시나몬파우더를 뿌려 완성한다.

아사이볼

아사이베리는 브라질의 대표적인 슈퍼 푸드지요. 저는 스페인에서 아사이볼을 처음 먹어봤는데요. 뜨거운 태양 아래 무르익은 과일이 듬뿍 올라간 아사이볼의 맛이 아직도 생생해요.

아사이베리에는 안토시아닌과 비타민 A가 풍부해 염증 완화와 피부 재생에 큰 도움을 줘요. 한국에서는 신선한 아사이베리를 구하기 어려워 파우더 형태로 섭취해야 하는데, 블루베리와 딸기를 듬뿍 넣으면 비슷한 맛을 느낄 수 있어요.

재료			1인분
아사이베리파우더 2큰술	무가당 두유 1컵		
블루베리 2컵	그래놀라 1/4컵		
딸기 3개	치아씨드 1/2작은술		
바나나 1개	코코넛 플레이크 1큰술		

만드는 법

1   깨끗이 씻은 딸기는 꼭지를 떼고 얇게 썬다. 바나나도 비슷한 크기로 자른다.

2   블렌더에 아사이베리파우더, 블루베리, 두유를 넣고 부드럽게 간다.

3   볼에 곱게 간 내용물을 담고 잘라둔 딸기와 바나나, 그래놀라 (336쪽 참고), 치아씨드, 코코넛 플레이크를 올려 완성한다.

PART 2

국과 수프

덧붙이 —————————————————————
채수를 만들 때 사용한 표고버섯을 된장국 재료로 활용하면 좋습니다.

달래된장국

봄이 오면 가장 먼저 생각나는 국이에요. 달래의 알싸한 향과 된장의 구수한 맛이 어우러져 환절기에 잃었던 입맛을 되찾아 줍니다. 저는 춘곤증으로 나른해질 때 달래된장국 한 그릇을 먹으면 몸이 깨어나는 기분이 들더라고요. 갓 지은 현미밥과 바삭한 김을 곁들이면 더없이 든든한 한 끼가 완성됩니다.

재료 | 채수 1L
된장 2큰술
달래 1.5컵
표고버섯 1컵
애호박 1컵
대파 2큰술

(4인분)

만드는 법

1   달래는 깨끗이 씻어 2~3cm 길이로 자르고, 표고버섯은 얇게 저민다. 애호박과 대파도 먹기 좋게 자른다.

2   냄비에 채수를 붓고 센불에 올린 뒤 물이 끓으면 표고버섯과 애호박을 넣는다.

3   물이 다시 끓어오르면 중약불로 줄인 뒤 달래를 넣고 된장을 풀어 3분간 끓이다가 대파를 추가해 1분간 더 끓인다.

4   그릇에 담아 요리를 완성한다.

냉이된장국

어릴 적 할머니와 함께 살았을 때, 봄이 오면 할머니는 냉이된장국을 끓여주셨어요. 그땐 그저 맛있게 먹기만 했는데, 지금 직접 만들려니 냉이를 다듬는 데 꽤 손이 많이 가더라고요. 한 입 떠먹을 때마다 봄의 향과 함께 손주를 위해주셨던 할머니와의 추억도 떠올라 마음까지 따뜻해지는 요리입니다.

재료 | 채수 1L
된장 2큰술
냉이 2컵
두부 2컵

4인분

만드는 법

1 냉이는 깨끗이 씻어 2~3cm 길이로 자르고, 두부는 한 입 크기로 깍둑썬다.

2 냄비에 채수를 붓고 센불에서 끓이다 물이 끓으면 두부를 넣는다.

3 물이 다시 끓어오르면 중약불로 줄인 뒤 냉이를 넣고 된장을 풀어 3분간 더 끓인다.

4 그릇에 담아 요리를 완성한다.

쑥된장국

향긋한 쑥 향이 그대로 살아 있는 봄철 대표 보양식이에요. 된장과 함께 끓이면 쑥 특유의 쌉싸름한 맛이 부드러워져 익숙하지 않은 분들도 부담 없이 즐길 수 있어요. 쑥은 독소 배출에 도움이 되고 감기 예방에도 좋아 환절기 아침에 특히 추천하는 메뉴입니다.

재료

채수 1L
된장 2큰술
쑥 5컵
두부 1/2컵
애호박 1컵
만가닥버섯 1컵
대파 2큰술

4인분

만드는 법

1   쑥은 깨끗이 씻어 2~3cm 길이로 자르고, 두부와 애호박, 대파는 한 입 크기로 썬다.

2   냄비에 채수를 붓고 센불에서 끓이다가 물이 끓으면 두부와 애호박을 넣는다.

3   물이 다시 끓어오르면 중약불로 줄인 뒤 쑥을 넣고 된장을 풀어 3분간 끓이다가 대파를 추가해 1분간 더 끓인다.

4   그릇에 담아 요리를 완성한다.

시금치된장국

시금치를 따로 데칠 필요 없이 한 번에 끓일 수 있어 간편하고, 국물에 시금치의 단맛이 우러나 더욱 맛있는 된장국입니다. 다만 국을 끓일 때 너무 오래 익히면 시금치가 흐물흐물해질 수 있으니 마지막에 넣어 살짝만 익혀주세요. 밥에 비벼 먹으면 입안 가득 구수한 맛이 퍼져요.

재료

채수 1L
된장 2큰술
시금치 4컵
새송이버섯 2컵
대파 2큰술

4인분

만드는 법

1   시금치는 깨끗이 씻어 3~4cm 크기로 자르고, 새송이버섯과 대파는 한 입 크기로 썬다.

2   냄비에 채수를 붓고 센불에서 끓이다가 물이 끓으면 새송이버섯을 넣는다.

3   물이 다시 끓어오르면 중약불로 줄이고 된장을 풀어 2분간 끓이다가 시금치와 대파를 넣고 1분간 더 끓인다.

4   그릇에 담아 요리를 완성한다.

배추 버섯된장국

겨울이 제철인 배추를 사용하면 국물 맛이 달큰하고 깊어지는데, 쫄깃한 버섯 덕에 풍성한 식감까지 즐길 수 있어요. 팽이버섯 대신 느타리버섯이나 표고버섯을 사용해도 좋아요.

배추는 장 건강에 도움을 주고, 버섯의 베타글루칸은 면역력을 높여주니 겨울철 보양식으로도 제격입니다. 현미밥과 깻잎무침을 곁들이면 완벽한 한 끼가 돼요.

재료	
	채수 1L
	된장 2큰술
	배추 2컵
	팽이버섯 1.5컵
	대파 2큰술

(4인분)

만드는 법

1. 배추는 깨끗이 씻어 3~4cm 길이로 자르고, 팽이버섯은 밑동을 제거한 후 배추와 비슷한 길이로 썬다.

2. 냄비에 채수를 붓고 센불에서 끓이다가 물이 끓으면 배추를 넣는다.

3. 물이 다시 끓어오르면 중약불로 줄이고 된장을 풀어 2분간 끓이다가 팽이버섯과 대파를 넣고 1분간 더 끓인다.

4. 그릇에 담아 요리를 완성한다.

들깨미역국

기름지지 않아 평소에 부담 없이 먹기 좋아요. 들깻가루가 들어가 일반 미역국보다 국물 맛이 한층 깊고 진해서 가족들 생일에도 자주 끓여준답니다. 들깨에는 오메가-3지방산이 풍부해 건강한 지방을 섭취할 수 있고, 염증 완화 효과도 뛰어납니다. 마지막에 된장을 살짝 풀어주면 감칠맛까지 더할 수 있어요.

재료

채수 1L

건미역 3/4컵

표고버섯 3/4컵

간장 1큰술

소금 1/4작은술

들깻가루 3큰술

4인분

만드는 법

1   건미역은 10~20분간 물에 불린 후 물기를 짜고 한 입 크기로 썬다. 표고버섯은 1cm 두께로 썬다.

2   냄비에 채수를 붓고 센불에서 끓이다가 물이 끓으면 미역과 표고버섯을 넣는다.

3   물이 다시 끓어오르면 중약불로 줄이고 10분간 끓인 뒤 간장으로 간하고 3분간 더 끓인다.

4   들깻가루를 넣어 잘 섞은 후 그릇에 담아 요리를 완성한다.

들깨 버섯 순두부탕

순두부가 부드러워 아이들도 잘 먹고, 혈당을 크게 올리지 않아 아침 식사로도 부담 없어요. 순두부 팩에 든 국물까지 몽땅 넣어 따끈하게 끓이면 한 입 한 입이 감동이에요. 알싸한 맛을 원한다면 다진 마늘을 조금 추가해도 좋아요. 마지막에 들기름을 몇 방울 떨어뜨리면 고소한 풍미가 더욱 살아납니다.

재료		4인분
	채수 1L	
	순두부 2컵	
	목이버섯 1컵	
	꽃송이버섯 1컵	
	간장 1.5큰술	
	들깻가루 3큰술	

만드는 법

1   목이버섯과 꽃송이버섯을 가볍게 씻은 다음 목이버섯은 2등분, 꽃송이버섯은 4등분한다.

2   냄비에 채수를 붓고 센불에서 끓이다가 물이 끓으면 순두부와 버섯을 넣는다.

3   물이 다시 끓어오르면 중약불로 줄인 뒤 간장으로 간하고 3분 간 더 끓인다.

4   들깻가루를 넣어 잘 섞은 후 그릇에 담아 요리를 완성한다.

시래깃국

무청(무와 잎의 줄기)을 말려 만든 시래기는 겨울철 우리 몸을 따뜻하게
데워주는 대표적인 식재료예요. 시래기는 말리는 과정에서 철분과 칼
슘 같은 미네랄이 더욱 농축되어, 생무청보다 훨씬 영양가가 높아요.
시래깃국을 한 숟갈 떠먹으면 구수한 국물과 쫄깃한 식감이 조화를 이
루며 씹을수록 깊은 맛이 느껴집니다. 시래기를 직접 손질하는 게 번
거롭다면 삶은 시래기를 구매해도 괜찮아요.

재료	
	채수 1L
	시래기 2컵
	된장 2큰술
	간장 1큰술
	다진 마늘 1작은술
	대파 2큰술

(4인분)

만드는 법

1   말린 시래기는 물을 갈아가며 8시간 이상 불린 후, 깨끗이 씻어
    끓는 물에 30~40분 정도 삶은 다음 건져내 물기를 짜고 3~4cm
    길이로 썬다.

2   볼에 된장, 간장, 다진 마늘을 넣고 섞은 후 시래기를 넣고 조물
    조물 무쳐 10분간 둔다.

3   냄비에 채수와 양념한 시래기를 넣고 약불에서 20분간 끓이다
    가 대파를 추가한 뒤 1분간 더 끓인다.

4   그릇에 담아 요리를 완성한다.

덧붙이

쫀득한 식감을 더하고 싶다면 떡을 강판에 갈아 완성된 요리 위에 뿌려보세요.
떡이 마치 녹은 치즈처럼 늘어나 색다른 재미를 느낄 수 있어요.

236

양파수프

제가 가장 사랑하는 양파수프는 천천히 오래 볶아낸 양파 덕분에 깊고
진한 맛이 매력적인 요리입니다. 서양에서는 치즈를 올려 오븐에 굽
지만, 저는 치즈 없이도 충분히 맛있다고 생각해요. 양파의 퀘르세틴
성분은 면역력 강화에도 도움을 주니 감기 기운이 있을 때 만들어보
세요.

재료 | 채수 1L
 | 양파 6컵
 | 간장 1.5큰술
 | 소금 1꼬집
 | 후추

4인분

만드는 법

1   양파는 껍질을 벗겨 0.5cm 두께로 채 썬다.

2   예열한 냄비에 채수 2큰술, 채 썬 양파, 소금 1꼬집을 넣고 볶는
     다. 중간중간 채수를 2~3큰술씩 추가하며 양파를 익히다가 진
     한 갈색이 되면 남은 채수를 모두 붓고 센불에서 끓인다.

3   물이 끓어오르면 중약불로 줄인 뒤 10~15분간 끓이다가 간장
     과 소금으로 간하고 3분 더 끓인다.

4   그릇에 담고 후추를 뿌려 요리를 완성한다.

배추만둣국

밀가루 만두피 대신 배추를 사용한 만둣국이에요. 속도 두부와 버섯 등 자연 재료로만 채워 부담 없이 담백하게 즐길 수 있습니다.

저는 배추가 가장 달고 맛있는 김장철에 이 요리를 자주 만드는데, 제철 배추로 만들면 영양도 풍부하고 맛도 훨씬 깊어져요.

배추만두는 촉촉하면서도 씹을수록 구수한 맛이 일품이랍니다. 다양한 영양분을 포함할 뿐 아니라 포만감도 오래 유지되기 때문에 가볍게 식사를 끝내고 싶은 날에는 밥 없이 먹어도 좋아요.

재료

배추만두

배추 8장
두부 1컵
표고버섯 1/4컵
부추 1/4컵
된장 1작은술
깨소금 1작은술
다진 마늘 1큰술

만둣국

채수 1L
간장 1작은술
대파 2큰술
소금
후추

덧붙이

배추만두의 형태를 단단히 유지하려면 이쑤시개를 꽂아 고정한 후 끓이세요.

배추만두 만들기

1   배춧잎을 한 장씩 떼 깨끗이 씻고 끓는 물에 10초간 데친다. 배추의 두꺼운 줄기 부분은 살짝 눌러 만두피로 준비한다.

2   두부는 체에 밭쳐 으깨 물기를 제거하고, 표고버섯과 부추는 잘게 다진다.

3   볼에 손질한 속 재료를 넣고 된장, 깨소금, 다진 마늘을 추가해 섞은 뒤 간을 보고 부족하면 소금을 더한다.

4   배춧잎 위에 속을 올리고 돌돌 말아 만두를 만든다.

만둣국 끓이기

1   냄비에 채수를 붓고 센불에서 끓인다.

2   물이 끓으면 준비한 배추만두를 넣고, 물이 다시 끓어오르면 중약불로 낮춘 뒤 간장을 넣어 2분간 끓인다.

3   대파를 추가해서 1분간 더 끓이다가 배추가 투명해지고 속이 따뜻하게 익으면 불을 끈다.

4   그릇에 담은 뒤 후추를 뿌려 요리를 완성한다.

콩나물국

저는 차갑게 식혀 먹는 콩나물냉국보다 따뜻한 국물을 함께 먹을 수 있어 콩나물국을 선호합니다. 사실 콩나물냉국과 콩나물국의 레시피에는 큰 차이가 없어서 저는 같은 레시피로 만들어 여름에는 차갑게, 겨울에는 따뜻하게 끓여두고 기분에 따라 즐겨요. 콩나물의 아삭한 식감을 좋아해서 너무 오래 익히지 않는 편인데, 취향에 따라 조리 시간을 조절하면 됩니다. 콩나물은 간 해독과 피로 회복에도 도움을 주기 때문에 컨디션이 나쁠 때 더욱 좋아요. 국에 넣은 콩나물을 건져 비빔밥 재료로도 활용할 수 있습니다.

재료			4인분
	채수 1L	대파 2큰술	
	콩나물 2컵	소금 1/4작은술	
	간장 1큰술	후추	
	다진 마늘 1/2큰술		

만드는 법

1   콩나물은 깨끗이 씻고, 대파는 1cm 두께로 썬다.

2   냄비에 채수를 붓고 센불에서 끓이다가 물이 끓어오르면 콩나물을 추가한다.

3   간장과 다진 마늘을 넣고 2~3분간 더 끓인다. 간이 부족하면 소금을 추가하고 대파를 넣어 1분간 더 끓인다.

4   그릇에 담고 후추를 뿌려 요리를 완성한다.

버섯탕국

경상도에서는 명절마다 탕국을 끓이는데, 이 요리는 탕국의 채식 버전이라 할 수 있습니다. 다양한 채소와 버섯이 어우러져 영양이 풍부하면서도 깊고 진한 감칠맛을 느낄 수 있어요. 탕국은 국물이 시원한 것이 제맛이라 무를 꼭 넣어야 하고, 버섯은 취향에 따라 선택하면 됩니다. 오래 끓일수록 맛이 더 깊어지니 넉넉히 끓여두고 즐겨보세요.

재료			
채수 1L	청경채 1컵		4인분
무 1컵	애호박 1/2컵		
두부 1컵	대파 1큰술		
표고버섯 1/2컵	간장 1/2작은술		
느타리버섯 1/2컵	소금 1작은술		

만드는 법

1   표고버섯과 대파는 1cm 두께로 썰고, 느타리버섯은 결을 따라 손으로 찢는다.

2   무는 나박썰기 하고, 애호박은 반달 모양으로 썬다. 청경채는 2~3cm 길이로 자르고, 두부는 깍둑썬다.

3   냄비에 채수를 붓고 센불에서 끓이다가 물이 끓으면 무를 넣는다. 물이 다시 끓어오르면 버섯, 두부, 애호박을 넣고 5분간 끓인 뒤 간장과 소금으로 간하고 2분간 더 끓인다.

4   청경채와 대파를 넣고 1분 더 끓인 후 그릇에 담아 완성한다.

채개장

육개장의 채식 버전이에요. 고기 대신 고사리나 버섯 등 다양한 채소를 넣어 개운하면서도 깊은 국물 맛이 일품입니다. 단백질이 풍부하고 소화도 잘되는 고사리 덕분에 영양 면에서도 부족함이 없어요.

저는 맵지 않은 버전의 레시피를 소개했지만 얼큰한 맛을 원한다면 고춧가루나 고추장을 살짝 추가해도 좋아요. 으슬으슬 추운 날 채개장 한 그릇이면 몸이 따뜻해지고 기운이 나는 느낌이 드니 꼭 한번 만들어보세요.

재료	채수 1L	4인분
	고사리 1컵	
	표고버섯 3/4컵	
	양파 1컵	
	숙주 3컵	
	애호박 1/2컵	
	다진 마늘 1큰술	
	대파 1큰술	
	된장 1큰술	
	간장 1큰술	

만드는 법

1   끓는 물에 고사리를 넣고 10분간 데친 다음 물에 담가 12시간
    정도 불린 뒤, 물기를 짜고 4cm 길이로 자른다.

2   표고버섯과 대파는 1cm 두께로 자르고, 무는 0.5cm 두께로 나
    박썰기 한다. 양파는 채 썰고, 숙주는 깨끗이 씻어 준비한다.

3   예열한 팬에 채수 2큰술과 대파를 넣고 약불에서 30초~1분간
    볶아 향을 낸다.

4   무와 양파를 넣어 볶다가, 양파가 투명해지면 고사리와 표고버
    섯, 다진 마늘을 추가해 1~2분간 더 볶는다. 눌어붙지 않도록
    중간중간 채수를 2~3큰술씩 추가한다.

5   냄비에 채수와 볶아둔 채소를 모두 넣고 센불에서 끓이다가 물
    이 끓어오르면 중약불로 줄여 10분간 더 끓인다.

6   된장을 풀어준 후 간장을 넣어 간하고 숙주와 대파를 추가해
    3분간 더 끓인다.

7   그릇에 담아 요리를 완성한다.

두유 양송이수프

맑은국 대신 크리미한 수프가 생각날 때 만들어 먹는 요리예요. 양송이를 듬뿍 넣어 진한 풍미를 살리고, 우유 대신 무가당 두유를 사용했기 때문에 훨씬 담백하면서도 위에 부담이 적어요. 샌드위치나 샐러드와 곁들이면 더욱 든든한 한 끼가 되고, 바게트 같은 빵을 찍어 먹어도 고소하게 즐길 수 있습니다. 마지막에 바질이나 후추를 살짝 뿌리면 풍미가 한층 더 살아납니다.

재료

무가당 두유 1컵

채수 1컵

양송이버섯 10개

양파 1컵

다진 마늘 1작은술

소금 1/2큰술

후추

허브파우더

2인분

만드는 법

1   양송이버섯은 반으로 자르고, 양파는 채 썬다.

2   예열한 냄비에 채수 2큰술, 채 썬 양파, 소금 1꼬집을 넣고 볶
     는다.

3   중간중간 채수를 2~3큰술씩 추가하며 익히다가 양파가 갈색이
     되면 다진 마늘과 양송이버섯을 넣고 버섯에서 물이 나올 때까
     지 3분간 볶는다.

4   블렌더에 볶은 재료와 채수, 두유를 넣고 곱게 간다.

5   냄비에 수프를 붓고 소금으로 간한 뒤 중약불에서 5분간 끓인다.

6   그릇에 담고 허브파우더와 후추를 뿌려 요리를 완성한다.

땅콩호박수프

땅콩호박은 항산화 성분이 가장 풍부한 호박 중 하나에요. 단맛이 진해서 설탕을 넣지 않아도 충분히 달콤하고 고소한 맛을 낼 수 있어요. 콜레스테롤 수치 개선과 간 건강에도 도움을 주기 때문에 가을, 겨울이면 꼭 챙겨 먹는 식재료예요. 오트밀크 대신 두유, 캐슈너트밀크, 아몬드밀크 등 다른 식물성 우유를 사용해도 좋습니다. 수프 위에 호박씨 같은 견과류를 뿌리면 고소하고 바삭한 식감이 더해져 더욱 맛있게 즐길 수 있어요.

재료
땅콩호박 1개
오트밀크 1.5컵
호박씨 1작은술
소금 1/8작은술

2인분

만드는 법

1 땅콩호박은 반으로 자르고 씨를 제거한 뒤 찜기에 넣고 부드러워질 때까지 5분간 찐다.

2 찐 땅콩호박을 적당한 크기로 자른 후, 블렌더에 넣고 오트밀크를 조금씩 부어가며 곱게 간다.

3 냄비에 간 땅콩호박을 넣고 소금으로 간한 뒤 중약불에서 3분간 끓인다.

4 그릇에 담고 호박씨를 올려 요리를 완성한다.

PART 3

채소 반찬

얼갈이배추 된장무침

얼갈이배추는 잎이 얇고 부드러워 나물로 무쳐 먹기 좋은 식재료예요. 씹을수록 달큰한 맛이 올라와 구수한 된장과 잘 어울립니다. 들깻가루를 더하면 고소한 풍미가 배가되어 더욱 맛있어요. 얼갈이배추는 일반 배추보다 베타카로틴 함량이 높아 면역력 강화에 도움이 되고, 비타민 A, C, K가 풍부해 피부와 눈 건강에도 좋아요. 사계절 내내 먹기 좋으니 집밥 단골 반찬으로 활용해 보세요.

재료	얼갈이배추 3컵	2인분
	굵은소금 1큰술	
	된장 1/2큰술	
	들깻가루 2작은술	

만드는 법

1 냄비에 물을 넉넉히 붓고 굵은소금 1큰술을 넣어 센불에서 끓이다가 깨끗이 씻은 얼갈이배추의 줄기 부분을 넣고 20초, 잎 부분을 추가해 10초간 익힌다.

2 데친 얼갈이배추를 체에 넓게 펼쳐 식힌 뒤 물기를 꼭 짜고 3~4cm 길이로 자른다.

3 볼에 된장, 간장, 들깻가루를 넣고 섞어 양념을 만든 후 손질한 얼갈이배추를 넣고 버무린다.

4 그릇에 담아 요리를 완성한다.

생꼬시래기를 사용한다면 물에 담가 소금기를 제거하는 과정은 생략해도 좋습
니다.

꼬시래기무침

꼬들꼬들한 식감이 매력적인 꼬시래기를 새콤하게 무쳐보세요. 꼬시래기는 아이오딘 같은 미네랄과 수용성 식이섬유가 풍부해 염증 완화에 큰 도움이 됩니다. 특히 더운 여름날 시원한 콩국수와 함께 먹으면 찰떡궁합인데, 꼬시래기를 자르지 않고 국수처럼 길게 먹어도 재미있어요. 꼬시래기를 데칠 때 물에 식초를 조금 넣으면 비린 맛을 잡을 수 있습니다.

재료	염장 꼬시래기 1.5컵	2인분
	양파 1/2컵	
	간장 1큰술	
	식초 1작은술	
	다진 마늘 1작은술	
	깨소금 1작은술	

만드는 법

1   염장 꼬시래기를 깨끗이 씻은 뒤 20분간 물에 담가 소금기를 제거한다. 양파는 채 썰고 5분간 물에 담가 매운맛을 뺀다.

2   끓는 물에 꼬시래기를 20초간 데친 후 체에 넓게 펼쳐 식힌 뒤 물기를 꼭 짜고 3~4cm 길이로 자른다.

3   볼에 간장, 식초, 다진 마늘, 깨소금을 넣고 섞어 양념을 만든 후 손질한 꼬시래기와 양파를 넣어 버무린다.

4   그릇에 담아 요리를 완성한다.

두부 톳무침

두부를 국에 넣거나 부쳐 먹기만 했다면, 한번 해조류와 함께 무쳐보세요. 고소한 두부와 짭조름한 톳이 어우러진 색다른 맛을 느낄 수 있어요. 으깬 두부 사이에서 톡톡 터지는 톳의 식감이 더해져 먹는 재미까지 있습니다. 톳은 칼슘과 철분이 풍부해 겨울철 약해지기 쉬운 뼈 건강과 빈혈 예방에 좋아요. 톳 대신 삶은 브로콜리나 당근과 함께 무쳐도 맛있어요.

재료 | 두부 1.5컵
염장 톳 3/4컵
소금 1/2작은술
깨소금 1큰술

2인분

만드는 법

1. 톳을 깨끗이 씻어 소금기를 제거한 후 끓는 물에 20초간 데치고 체에 넓게 펼쳐 식힌다. 식힌 톳의 물기를 꼭 짜고 2~3cm 길이로 자른다.

2. 끓는 물에 두부를 넣고 3분간 데친 뒤 체에 밭쳐 으깬다.

3. 볼에 으깬 두부와 톳, 소금, 깨소금을 넣고 골고루 버무린다.

4. 그릇에 담아 요리를 완성한다.

오이 무침

한때 오이를 싫어했던 저도 이 요리 덕분에 여름마다 오이를 즐겨 먹
게 되었어요. 아삭한 식감과 상큼한 양념이 어우러져 누구나 좋아할
만한 반찬입니다. 여름이 제철인 오이는 이 시기에 가장 맛있을 뿐 아
니라 수분과 비타민이 풍부해 더위로 지친 몸을 시원하게 만들어줍니
다. 화이트 발사믹식초를 살짝 뿌려도 잘 어울려요. 한 번 만들어두면
비빔밥 재료로도 활용할 수 있어 편리해요.

재료	오이 2컵	2인분
	소금 1/2작은술	
	간장 1큰술	
	식초 1큰술	
	다진 마늘 1/2작은술	
	깨소금 1작은술	

만드는 법

1   오이를 깨끗이 씻어 양 꼭지를 제거하고 반으로 갈라 반달 모양
     으로 썬다.

2   볼에 오이를 넣고 소금을 뿌려 10분간 절인 뒤 물기를 꼭 짠다.

3   볼에 간장, 식초, 다진 마늘, 깨소금을 넣고 섞어 양념을 만든 후
     오이를 넣고 버무린다.

4   그릇에 담아 요리를 완성한다.

깻잎 된장무침

해독 효과가 뛰어난 깻잎을 더 맛있게 즐길 수 있는 반찬이에요. 된장 양념에 무친 깻잎을 따뜻한 밥 위에 올려 먹으면 소박하지만 구수하고 정감 있는 한 끼가 됩니다. 깻잎이 너무 많아 처치 곤란일 때 특히 유용하며, 쌈 외에 색다른 조리법을 찾는 분들에게도 추천해요. 불을 사용하지 않아 간편하면서도 맛있는 반찬입니다.

재료		2인분
	깻잎 20장	
	된장 1.5큰술	
	간장 1작은술	
	현미 조청 1/2작은술	
	다진 마늘 1작은술	
	다진 파 1큰술	
	다진 견과·씨앗류 1큰술	

만드는 법

1 깻잎을 깨끗이 씻고 물기를 완전히 제거한다.

2 볼에 깻잎을 제외한 모든 재료를 넣고 섞어 양념을 만든다.

3 깻잎을 한 장씩 펼쳐 앞뒤로 양념을 바르고 보관 용기에 포개 담는다.

4 냉장고에서 하루 동안 숙성해 요리를 완성한다.

콩나물무침

한국인의 대표 밑반찬 중 하나인 콩나물무침은 자극적이지 않으면서도 담백하고 시원한 맛이 매력적이지요. 저렴한 가격과 간단한 조리법이 인기의 이유기도 해요. 콩나물에는 비타민 C와 아스파라긴산이 풍부해 피로 회복에 좋은데, 저 역시 콩나물무침을 즐겨 먹으며 만성 피로가 사라지고 몸이 가뿐해지는 경험을 했답니다. 한 번에 넉넉히 만들어두면 반찬으로도, 비빔밥 재료로도 활용하기 좋습니다.

재료		2인분
	콩나물 1/2봉지(150g)	
	간장 1큰술	
	다진 마늘 1작은술	
	다진 파 1큰술	
	깨소금 1작은술	

만드는 법

1   콩나물을 깨끗이 씻고 끓는 물에 3분간 데친 후 체에 넓게 펼쳐 식힌다.

2   볼에 간장, 다진 마늘, 다진 파, 깨소금을 넣어 양념을 만든다.

3   데친 콩나물을 넣고 버무린다.

4   그릇에 담아 요리를 완성한다.

세발나물 두부무침

세발나물은 뾰족한 생김새와 달리 의외로 부드러운 식감을 가지고 있어요. 샐러드로도 즐길 수 있지만, 저는 목 넘김이 부드럽도록 익혀 먹는 걸 선호합니다. 세발나물은 바닷물의 염분을 흡수하며 자라기 때문에 천연 미네랄이 풍부하고 은은한 짠맛이 특징이에요. 구수하고 짭짤해서 밥반찬으로 제격이며, 철분과 칼륨이 풍부해 몸을 정화하는 데 도움이 되니 몸이 무겁게 느껴질 때 만들어보세요.

재료	세발나물 1컵	2인분
	두부 1컵	
	소금 1/2작은술	
	깨소금 1큰술	

만드는 법

1 세발나물을 깨끗이 씻고 끓는 물에 10~20초간 데친 후 체에 넓게 펼쳐 식힌다.

2 두부를 끓는 물에 3분간 데친 후 체에 밭쳐 으깨어 물기를 제거한다.

3 볼에 으깬 두부와 세발나물, 소금, 다진 마늘, 깨소금을 넣고 버무린다.

4 그릇에 담아 요리를 완성한다.

미역줄기볶음

SNS에 이 레시피를 올렸더니 엄청난 조회수를 기록해 깜짝 놀랐던 기억이 있어요. 한국인이 해조류를 얼마나 사랑하는지 다시 한번 실감한 순간이었습니다. 짭짤하고 쫄깃한 미역줄기볶음은 한 번 배워두면 평생 즐겨 만들게 될 거예요. 감칠맛 나는 간장 양념과 어우러져 밥 한 그릇이 순식간에 사라지는 마법 같은 반찬입니다.

재료 | 미역줄기 1.5컵
다진 마늘 1작은술
간장 1큰술
참기름 1작은술
깨소금 1작은술

2인분

만드는 법

1   미역줄기를 깨끗이 씻고 끓는 물에 10초간 데친다. 물기를 꼭 짜고 4~5cm 길이로 자른다.

2   약불로 예열한 팬에 물 2큰술과 다진 마늘을 넣고 30초~1분간 볶는다. 재료가 눌어붙지 않도록 필요할 때마다 물을 2~3큰술씩 추가한다.

3   마늘 향이 올라오면 미역줄기를 넣어 볶다가, 미역줄기의 숨이 죽으면 간장을 넣고 3분간 더 볶는다.

4   그릇에 담고 깨소금을 뿌려 요리를 완성한다.

덧붙이 ─────────────────────────────────

아삭한 식감을 살리려면 센불에서 빠르게 볶아 조리 시간을 최소화하세요.

274

공심채볶음

동남아 여행을 가면 꼭 맛봐야 하는 요리 중 하나가 바로 공심채볶음이지요. 그런데 사실 한국에서도 얼마든지 쉽게 만들 수 있답니다. 저도 처음 동남아에서 맛본 뒤에는 집에서 자주 만들어 먹어요. 공심채의 매력적인 맛의 비결은 줄기에 있는데요. 공심채는 줄기 속이 비어 있어서 더 아삭하고, 소스나 양념도 더 잘 흡수해요. 동남아까지 갈 필요 없이 집에서 건강하게 즐겨보세요.

재료 | 공심채 5컵
다진 마늘 1작은술
소금 1/2작은술
들기름 1큰술
깨소금 1작은술

2인분

만드는 법

1   공심채를 깨끗이 씻고 줄기는 3cm, 잎은 5cm 길이로 자른다.

2   약불로 예열한 팬에 물 2큰술과 다진 마늘을 넣고 30초~1분간 볶은 후 공심채 줄기를 넣고 30초간 볶는다. 재료가 눌어붙지 않도록 중간중간 물을 2~3큰술씩 더한다.

3   공심채 잎 부분을 추가하고 소금으로 간한 뒤 30초~1분간 더 볶는다.

4   그릇에 담고 들기름과 깨소금을 뿌려 요리를 완성한다.

시래기볶음

자연 요리 지도자 과정에서 제대로 배워 만든 시래기볶음의 맛은 정말 차원이 달랐습니다. 촉촉하고 부드러우며, 씹을수록 깊은 감칠맛과 구수한 풍미가 느껴지거든요. 시래기는 식이섬유가 풍부해 변비 예방에 좋으며, 면역력 강화에도 도움이 됩니다. 들깻가루와 들기름을 두르면 고소한 맛이 배가되니 꼭 신선한 것으로 골라 맛있게 만들어보세요.

2인분

재료

시래기 2컵
채수 1컵
간장 1큰술
다진 파 1큰술

다진 마늘 1작은술
들깻가루 1큰술
들기름 1큰술

만드는 법

1. 말린 시래기는 물을 갈며 8시간 이상 불린 후 깨끗이 씻어 끓는 물에 30~40분 정도 삶는다.

2. 삶은 시래기의 물기를 짜고 3~4cm 크기로 자른다.

3. 볼에 간장, 다진 파, 다진 마늘을 넣고 섞어 양념을 만들고 시래기를 추가해 버무린다.

4. 예열한 팬에 채수와 시래기를 넣고 양념이 졸아들 때까지 10분 정도 볶다가 들깻가루를 뿌려 섞는다.

5. 그릇에 담아 들기름을 둘러 요리를 완성한다.

양파 우엉 당근채볶음

양파와 당근의 달큰함, 우엉의 쌉싸름한 풍미가 조화로운 영양 만점 반찬이에요. 우엉은 천연 인슐린이라 불리는 이눌린이 풍부해 혈당 관리에 도움을 주고, 해독 작용도 뛰어나 치유식으로 자주 활용됩니다. 돼지감자처럼 이눌린이 많은 다른 식재료와 함께 차로 즐기기도 합니다. 우엉이 너무 단단해 손질이 어렵다면, 도마 위에 놓고 면포를 덮은 후 방망이로 가볍게 두드려보세요. 부서진 우엉을 손으로 뜯으면 훨씬 쉽게 손질할 수 있어요.

재료	양파 1컵	간장 1큰술	2인분
	우엉 1컵	깨소금 1작은술	
	당근 1컵	소금	
	채수 1컵		

만드는 법

1   양파, 우엉, 당근을 깨끗이 씻어 채 썬다.

2   예열한 웍에 물 2큰술과 양파, 소금 1꼬집을 넣고 볶다가 양파가 투명해지면 당근과 우엉을 추가한다.

3   웍에 채수를 붓고 뚜껑을 덮은 후 중약불에서 15분간 익힌다.

4   우엉과 당근이 부드러워지면 간장을 넣고 잘 섞은 뒤 수분이 날아갈 때까지 뚜껑을 열고 5분간 졸인다.

5   그릇에 담고 깨소금을 뿌려 요리를 완성한다.

깻잎순볶음

깻잎순은 깻잎이 다 자라기 전에 수확한 어린잎으로, 부드러운 식감과 진한 향이 특징이에요. 비타민이 풍부해 항염 효과가 있으며, 특히 피부 건강에 도움을 줍니다. 들깨의 잎이 깻잎이어서인지 들깻가루와의 궁합이 훌륭한데, 함께 넣어 볶으면 고소한 풍미가 더해져 계속 손이 갑니다. 깻잎순 대신 깻잎을 사용해도 좋으며, 쫄깃한 식감을 원한다면 버섯을 함께 넣고 볶아보세요.

재료

깻잎순 9컵
채수 1/4컵
다진 마늘 1/2작은술
다진 파 1큰술
간장 1/2큰술
들깻가루 1큰술

2인분

만드는 법

1   깻잎순을 깨끗이 씻고 끓는 물에 아주 짧게 데친 후 체에 넓게 펼쳐 식힌다. 깻잎순의 물기를 꼭 짠 후 3~4cm 길이로 자른다.

2   볼에 다진 파, 다진 마늘, 간장을 넣고 섞어 양념을 만들고 깻잎순을 넣어 버무린다.

3   예열한 팬에 채수와 깻잎순을 넣고 양념이 졸아들 때까지 3~4분간 볶는다.

4   들깻가루를 뿌려 섞은 후 그릇에 담아 요리를 완성한다.

양배추 버섯볶음

양배추와 버섯만 있으면 빠르고 간편하게 만들 수 있는 초간단 반찬입니다. 바쁜 날 부담 없이 후다닥 만들어 먹기 좋아요. 달큰한 양배추와 쫄깃한 버섯이 어우러져 담백하면서도 고소한 맛이 일품입니다. 양배추는 위장의 염증을 줄여주고 버섯은 면역력을 높이는 데 도움이 되어 속을 달래주는 음식이 필요한 날 드시면 좋아요. 무거운 식사에 지쳐 가볍게 먹고 싶은 날 밥 없이 단독으로 먹기에도 좋습니다.

재료

양배추 1.5컵
느타리버섯 1.5컵
양파 1컵
깨소금 1작은술
소금 1/4작은술
후추

2인분

만드는 법

1 양배추는 깨끗이 씻어 3~4cm 길이로 자르고, 양파는 깍둑썬다. 느타리버섯은 손으로 찢어 준비한다.

2 예열한 팬에 물 2큰술, 양파, 소금 1꼬집을 넣고 볶다가 양파가 투명해지면 버섯과 양배추를 추가해 볶는다.

3 버섯과 양배추의 숨이 죽으면 소금으로 간하고 1~2분간 더 볶는다.

4 그릇에 담아 깨소금을 뿌려 요리를 완성한다.

들깨 연근조림

씹을수록 은은한 단맛이 나는 연근은 겨울철 대표 건강 식재료예요. 천연 인슐린인 이눌린을 함유하고 있어 혈당 관리에 좋으며, 식이섬유와 철분이 풍부해 변비 예방과 혈액 순환에도 도움을 줍니다. 조리 시간을 조절해 부드럽게 또는 아삭하게 취향껏 즐길 수 있어요. 들깨가 더해져 따뜻한 풍미가 살아나는 이 요리는 추운 계절에 더욱 잘 어울립니다.

2인분

재료		
연근 1.5컵	식초 1큰술	
채수 1/2컵	현미 조청 1/2작은술	
간장 1.5큰술	들깻가루 3큰술	

만드는 법

1   연근을 깨끗이 씻고 1~2cm 두께로 썬다.

2   끓는 물에 식초 1큰술을 넣고 연근을 20분간 삶은 뒤 체에 밭쳐 물기를 뺀다.

3   웍에 채수, 간장, 현미 조청을 넣고 잘 섞은 뒤 연근을 추가해 센 불에 익힌다.

4   끓으면 중약불로 줄이고 양념이 자작해질 때까지 연근을 뒤집어 가며 조린다.

5   들깻가루를 넣어 섞은 다음 그릇에 담아 요리를 완성한다.

들깨 두부조림

부드러운 두부를 들깨 양념에 조려 고소하면서도 담백한 맛을 내는 요리입니다. 단백질이 풍부하지만 칼로리는 낮아 부담 없이 먹을 수 있어요. 스테인리스 팬을 사용할 경우 두부가 눌어붙기 쉬운데 채수를 넉넉히 넣고 끓이듯 조리하면 훨씬 깔끔하게 만들 수 있습니다. 들깨의 항염 효과 덕분에 피부가 건조하고 가려울 때 먹으면 특히 좋아요. 따뜻한 된장국과 곁들이면 건강한 한 끼가 완성됩니다.

재료

두부 2컵
채수 1/2컵
간장 1큰술
다진 파 1큰술
들깻가루 2큰술
들기름 1작은술

2인분

만드는 법

1   두부는 1시간 정도 체에 밭쳐 간수를 빼고 1~2cm 두께로 썬다.

2   예열한 팬에 채수, 간장, 다진 파, 들깻가루를 넣고 잘 섞어 끓인다.

3   끓으면 두부를 올리고 양념이 잘 배도록 숟가락으로 양념을 끼얹어가며 조린다.

4   양념이 자작해지면 그릇에 담아 들기름을 둘러 요리를 완성한다.

덧붙이 ——————————————————————————————

알싸한 맛을 원한다면 다진 마늘을 추가해도 좋습니다.

시금치나물

건선을 치유하던 시기에 거의 매일 먹었던 시금치나물은 여전히 저에게 1등 반찬이에요. 사계절 내내 즐겨 먹지만, 특히 겨울에 나는 포항초와 섬초는 자연의 단맛을 듬뿍 머금어 맛이 훨씬 깊어요. 추운 겨울을 견디며 더욱 단단해지고 영양소도 풍부해지거든요.

시금치는 칼슘과 비타민 K가 많아 뼈 건강과 노화 방지에 도움을 주고, 피부에도 좋아요. 겨울 시금치를 데친 후 물기를 빼지 않고 그대로 냉동하면 다른 계절에도 신선한 맛을 즐길 수 있어요. 들기름이나 참기름을 두르면 지용성 비타민의 흡수율도 높아지니 함께 곁들여 보세요.

재료	시금치 6컵	(2인분)
	간장 1큰술	
	깨소금 1큰술	
	들기름 1작은술	

만드는 법

1   시금치는 한 장씩 떼어 물에 담가 뿌리 쪽 흙까지 모두 씻어낸다.

2   끓는 물에 시금치를 넣고 30초간 데친 뒤 체에 넓게 펼쳐 식힌다.

3   물기를 꼭 짠 후 볼에 담아 간장과 깨소금을 넣고 무친다.

4   그릇에 담고 들기름을 뿌려 요리를 완성한다.

3색 나물 요리

한 번에 세 가지 나물을 요리할 수 있어 더욱 간편합니다. 하지만 무, 콩나물, 세발나물 각각의 특징은 그대로라 맛과 식감을 조화롭게 즐기는 것이 가능하지요. 시금치나 당근을 추가해도 좋은데, 이때는 단단한 재료부터 차례로 익혀야 나물이 골고루 익으니 유의하세요. 비빔밥 재료로 활용하기 좋으며 간장 양념을 뿌려 먹어도 맛있어요.

재료 | 무 1컵
콩나물 1컵
세발나물 3컵
채수 1/2컵
소금 1/2작은술
깨소금 1작은술
들기름 1작은술

(2인분)

만드는 법

1   무, 콩나물, 세발나물을 깨끗이 씻고 무는 채 썰어 준비한다.

2   예열한 웍에 채수 4큰술과 채 썬 무를 넣고 1분 정도 볶다가 뚜껑을 덮어 5분간 익힌다.

3   콩나물과 채수를 추가하고 뚜껑을 닫아 5~6분간 익힌다.

4   세발나물을 넣고 소금을 뿌린 후 간이 골고루 배도록 잘 뒤적이며 1~2분간 더 익힌다.

5   그릇에 담아 깨소금과 들기름을 뿌려 요리를 완성한다.

들깨 숙주나물

숙주의 아삭한 식감을 즐길 수 있는 담백한 나물 요리입니다. 숙주에는 비타민 C가 풍부해 피부 재생에 도움을 주고, 식이섬유도 많아 장 건강에도 좋아요. 건조한 피부와 가려움증이 있는 분들에게도 추천하는 반찬입니다. 저는 아삭한 식감을 위해 데치는 걸 선호하지만, 데치는 일이 번거롭다면 팬에 물 2~3큰술과 숙주를 넣은 뒤 살짝 볶아 완성할 수도 있어요.

재료 | 숙주 3컵
간장 1작은술
들깻가루 1큰술
다진 쪽파 1작은술
들기름 1작은술

(2인분)

만드는 법

1   숙주나물을 깨끗이 씻고 끓는 물에 30초~1분간 데친 뒤 체에 넓게 펼쳐 식힌다.

2   볼에 간장, 들깻가루, 다진 파를 넣고 섞은 뒤 물기를 짠 숙주를 넣고 무친다.

3   그릇에 담아 들기름을 뿌려 요리를 완성한다.

코울슬로

양배추와 당근, 사과를 두부 마요네즈드레싱에 버무려 고소하면서도 상큼한 맛을 살린 샐러드예요. 원래는 달걀노른자로 만든 일반 마요네즈를 활용하지만, 이번 레시피에서는 비건 마요네즈를 활용해 더욱 담백하고 가볍게 즐길 수 있어요. 양배추의 비타민 U와 당근의 베타카로틴은 피부 건강에 도움을 주고, 항산화 효과가 있어 염증 완화에도 좋습니다. 더운 여름날 시원하게 샐러드로 맛볼 수도 있고, 샌드위치 속 재료로 활용해도 좋아요.

재료 | 양배추 2컵
당근 1/2컵
사과 1/2컵
소금 1/2작은술
후추

두부마요네즈
데친 두부 1컵
레몬즙 2큰술
엑스트라 버진 올리브오일 1큰술
현미 조청 1/2작은술
홀그레인 머스터드 1/2작은술
소금 1/4작은술

2인분

만드는 법

1 양배추, 당근, 사과를 깨끗이 씻어 채 썬다.

2 볼에 양배추와 당근, 소금을 넣고 버무린 뒤 무거운 것으로 눌러
   1시간 동안 절인다.

3 블렌더에 두부마요네즈 재료를 넣고 곱게 간다.

4 절인 양배추와 당근의 물기를 짠 뒤, 사과와 두부마요네즈, 후추
   를 넣고 버무린다.

5 용기에 담고 냉장고에서 30분 이상 숙성하여 요리를 완성한다.

냉장고에서 30분~1시간 정도 숙성시키면 맛이 더욱 깊어져요.

사과 당근라페

프랑스의 국민 샐러드인 당근 라페는 김치처럼 가정마다 레시피가 조금씩 달라요. 저는 특유의 향 때문에 생당근을 잘 먹지 않았는데, 라페로 만드니 정말 맛있어서 부담 없이 즐길 수 있더라고요. 특히 사과를 넣으면 새콤달콤한 매력이 살아나고, 다진 견과류를 넣어도 고소한 풍미가 더해져요. 당근과 사과의 풍부한 항산화 성분은 피부 회복과 건강 유지에 도움이 되고, 식전에 섭취하면 혈당 상승을 방어하는 효과도 있어요.

2인분

재료	드레싱
당근 2컵	레몬즙 1큰술
사과 1/2컵	엑스트라 버진 올리브오일 1큰술
소금 1/4작은술	홀그레인 머스터드 1/2작은술
후추	(선택)화이트 발사믹식초 1작은술

만드는 법

1   당근과 사과를 깨끗이 씻어 채 썬다.

2   볼에 당근과 소금을 넣고 버무린 뒤 10분간 절인다.

3   볼에 드레싱 재료를 넣고 섞어 드레싱을 완성한다.

4   절인 당근의 물기를 짠 뒤 드레싱 볼에 사과와 함께 넣어 버무린다.

5   그릇에 담고 후추를 뿌려 요리를 완성한다.

버섯잡채

길쭉한 버섯을 면처럼 활용해 더욱 가볍고 건강하게 즐길 수 있는 잡채예요. 밀가루 섭취를 줄이고 있지만 면 요리가 먹고 싶을 때 부담 없이 만들기 좋습니다. 버섯 특유의 쫄깃한 식감 덕분에 일반 잡채보다 맛있게 느껴질 거예요. 당면은 글루텐이 없지만 정제 탄수화물이므로 혈당을 빠르게 올릴 수 있으니 양을 조절해 균형 있게 즐겨보세요.

재료			2인분
팽이버섯 1.5컵		채수 1컵	
만가닥버섯 1컵		당면 1/2컵	
부추 1/2컵		간장 1큰술	
양파 1컵		깨소금 1큰술	
시금치 1컵		소금	
당근 1/4컵			

만드는 법

1 당면은 미지근한 물에 20분간 불린다.

2 양파와 당근은 채 썰고, 부추와 시금치는 3~4cm 길이로 자른다. 버섯은 모두 밑동을 자르고 손으로 찢는다.

3 예열한 팬에 물 2큰술과 양파, 당근, 소금 1꼬집을 넣어 볶다가 당근이 부드러워지면 만가닥버섯, 당면, 채수 1컵을 추가하여 뚜껑을 덮고 5분간 익힌다.

4 간장을 넣고 섞은 후 팽이버섯, 부추, 시금치를 추가해 센불에서 1분간 빠르게 볶는다.

5 팽이버섯이 부드러워지면 그릇에 담아 깨소금을 뿌려 완성한다.

두부스크램블

달걀 없이도 부드럽고 고소한 맛을 내는 두부스크램블은 건강한 단백질 반찬이에요. 강황가루를 더하면 노란빛이 돌아 스크램블드에그와 비슷한 색감과 맛을 내고, 고슬고슬한 식감 덕에 차이를 알아채기 어려울 정도입니다. 달걀 알레르기가 있거나 염증 관리가 필요한 경우에도 안심하고 먹을 수 있어요. 영양소는 풍부하고 칼로리는 낮아 체중조절을 할 때도 부담 없이 먹기 좋아요. 혈당을 자극하지 않아 아침 식사로도 훌륭합니다.

재료

두부 1컵	소금 1/4작은술
당근 1/4컵	강황가루 1/8작은술
양파 1/4컵	후추

2인분

만드는 법

1   두부는 1시간 동안 체에 밭쳐 간수를 빼고, 당근과 양파는 작게 썬다.

2   예열한 팬에 물 2큰술, 양파, 당근, 소금 1꼬집을 넣고 볶는다. 재료가 눌어붙지 않도록 중간중간 물 2~3큰술을 추가한다.

3   양파가 투명해지면 두부를 손으로 떼어 넣고, 소금과 강황가루도 추가한 뒤 볶는다.

4   수분이 날아가 포슬포슬해지면 그릇에 담고 후추를 뿌려 요리를 완성한다.

순두부 강된장

부드럽고 구수한 강된장을 쌈에 싸 한 입 크게 먹으면 입안 가득 깊고 진한 풍미가 퍼집니다. 채소, 두부, 발효된 된장이 조화롭게 어우러져 밥에 비벼 먹기만 해도 영양 가득한 한 끼가 완성돼요. 쌈 채소로는 상추, 깻잎 같은 잎채소나 데친 양배추를 추천하고, 김과도 잘 어울려요. 들깻가루를 추가하면 더 구수해져요. 상큼한 오이무침과도 궁합이 좋답니다.

재료			
순두부 1컵	표고버섯 1/4컵		2인분
채수 1컵	된장 1큰술		
당근 1/4컵	다진 마늘 1작은술		
애호박 1/2컵	다진 파 1작은술		
양파 1/2컵	소금		

만드는 법

1 양파, 애호박, 버섯을 깨끗이 씻어 한 입 크기로 깍둑썬다.

2 예열한 팬에 채수 2큰술, 양파, 당근, 소금 1꼬집을 넣고 볶는다. 재료가 눌어붙지 않도록 중간중간 물 2~3큰술을 추가한다.

3 양파가 투명해지면 다진 마늘, 애호박, 버섯, 채수를 추가해 볶는다.

4 애호박이 익으면 된장을 넣어 1~2분간 볶다가 두부를 넣어 으깬다. 국물이 자작해지면 파를 넣고 1분간 더 익힌다.

5 그릇에 담아 요리를 완성한다.

템페 채소구이

혹시 템페를 아시나요? 템페는 인도네시아의 전통 발효식품으로, 콩을 발효해 만든 고단백 식재료예요. 발효 과정에서 유익균이 풍부하게 늘어나 장 건강에 도움이 됩니다.

그냥 먹으면 살짝 쿰쿰한 향이 날 수 있지만, 레시피에 따라 마리네이드한 후 구우면 특유의 향은 사라지고 감자처럼 포슬포슬하면서도 고소한 맛이 살아나요.

다만 고온에서 조리한 음식을 자주 섭취하면 염증을 유발할 수 있으니 몸 상태에 따라 기름의 양과 조리 온도를 조절하세요.

재료	템페 1컵	2인분
	브로콜리 1컵	
	양배추 1컵	
	당근 1/2컵	
	양파 1/2컵	
	새송이버섯 1개	
	통마늘 5개	
	후추	

마리네이드 양념
엑스트라 버진 올리브오일 3큰술
소금 1/4작은술
어니언파우더 1작은술
허브파우더 1작은술

만드는 법

1   브로콜리는 깨끗이 씻어 줄기와 꽃송이를 나누고 꽃송이는 한 입 크기로 자른다.

2   브로콜리 줄기, 당근, 템페는 1cm 두께로, 양파는 2cm 두께로, 양배추는 3cm 두께로 썬다.

3   볼에 마리네이드 재료를 넣고 섞은 후 준비한 채소와 템페를 넣어 버무린다.

4   오븐 트레이에 당근과 통마늘을 올려 180도로 예열한 오븐에서 7~10분간 굽는다.

5   나머지 재료를 추가한 뒤 8~10분간 더 굽는다.

6   당근을 찔러서 부드럽게 들어가면 꺼내서 그릇에 담고 후추를 뿌려 요리를 완성한다.

덧붙이

· 오븐이 없다면 에어프라이어나 팬에 구워도 좋습니다.
· 템페가 타지 않도록 중간중간 체크하며 뒤집어 주세요.

알배추 채소찜

알배추 채소찜은 손질한 재료를 찜기에 넣고 기다리기만 하면 완성되는 무척 간단한 요리예요. 알배추는 조리하면 자연스러운 단맛이 배어나오고, 속도 편안해 저녁 식사로도 좋아요. 참깨소스, 땅콩소스, 오리엔탈소스 등 다양한 소스를 곁들여 먹는 재미도 있고요. 발사믹식초를 뿌려 새콤달콤하게 즐겨도 맛있답니다.

재료	알배추 2컵	참깨소스	2인분
	고구마 1/2컵	참깨 2큰술	
	연근 1/2컵	물 2큰술	
	당근 1/2컵	간장 1/2작은술	
	양송이버섯 1/2컵	현미 조청 1/2작은술	

만드는 법

1   알배추는 한 장씩 뜯어 씻는다. 고구마와 당근은 2~3cm 두께로, 연근과 버섯은 1~2cm 두께로 썬다.

2   절구에 참깨, 물, 간장, 현미 조청을 넣고 곱게 빻아 참깨소스를 만든다.

3   찜기에 고구마, 당근, 연근을 넣고 끓는 물에서 3분간 찌다가 알배추와 버섯을 추가해 2분간 더 익힌다.

4   연근을 찔러서 부드럽게 들어가면 익은 채소를 모두 그릇에 담고, 참깨소스를 곁들여 요리를 완성한다.

312

딸기 호두샐러드

고소한 호두와 상큼한 딸기의 조합이 환상적이라 제가 가장 좋아하는 샐러드 중 하나예요. 하루 한 끼 샐러드를 챙겨 먹을 때 가장 큰 즐거움을 주는 메뉴기도 합니다. 딸기는 혈당 지수가 낮고, 잎채소의 풍부한 식이섬유 덕분에 혈당 관리가 필요한 분도 부담 없이 즐길 수 있습니다. 비타민 C와 항산화 성분이 풍부해 겨울철 면역력을 높이는 데도 좋아요. 이 샐러드에는 호두가 가장 잘 어울리지만, 아몬드나 피스타치오로 대체해도 좋아요. 치아씨드로 독특한 식감까지 즐길 수 있는 영양 만점 샐러드랍니다.

2인분

재료	드레싱
루콜라 3컵	엑스트라 버진 올리브오일 1큰술
딸기 7개	레몬즙 1큰술
호두 3큰술	소금 1/8작은술
치아씨드 1작은술	허브파우더 1/8작은술
	후추

만드는 법

1   딸기를 깨끗이 씻어 꼭지를 떼고 2등분한다. 루콜라는 씻은 후 체에 밭쳐 물기를 뺀다.

2   호두를 마른 팬에서 가볍게 구운 뒤 칼로 조각낸다.

3   볼에 드레싱 재료를 넣고 잘 섞어 준비한다.

4   그릇에 손으로 찢은 루콜라를 담고 딸기, 호두를 올린 뒤, 드레싱과 치아씨드를 뿌려 요리를 완성한다.

두부 큐브 샐러드

네모난 두부 큐브를 더해 식감까지 살린 든든한 샐러드입니다. 두부는
고소하고 짭짤한 소스와 특히 잘 어울려 들깨드레싱을 곁들였어요.
저는 샐러드에 올리브를 자주 활용하는데, 올리브 특유의 깊고 그윽한
풍미 덕분에 맛이 한층 더 살아나기 때문이에요. 특히 그린 올리브는
강력한 항산화 성분인 폴리페놀이 풍부해 세포를 보호하고 만성질환
예방에도 도움을 주니 건강하고 든든한 식단을 위해 샐러드에 자주 활
용해 보세요!

재료 | 두부 1컵

잎채소 3컵

오이 3/4컵

절임 올리브 1/2컵

들깨드레싱

생들기름 1작은술

들깻가루 1큰술

레몬즙 1작은술

간장 1/2작은술

물 2작은술

생강가루 1/8작은술

2인분

만드는 법

1   두부는 깨끗이 씻고 체에 밭쳐 간수를 뺀 뒤 2~3cm 크기의 정
     사각형으로 자른다.

2   잎채소는 씻어 물기를 제거하고, 오이는 반달 모양으로 썬다.

3   두부를 에어프라이어에 넣고 180도에서 15~20분간 굽는다. 중
     간에 한 번 뒤집어 준다.

4   볼에 들깨드레싱 재료를 넣고 골고루 섞는다.

5   그릇에 손으로 찢은 잎채소를 담고 올리브, 오이, 구운 두부를
     올린 뒤, 들깨드레싱을 뿌려 요리를 완성한다.

퀴노아 비트샐러드

퀴노아, 비트, 셀러리, 양파를 고소한 캐슈너트 마요네즈에 버무려 만든 영양 가득한 샐러드입니다. 비트의 은은한 단맛, 셀러리의 아삭함, 양파의 알싸함이 어우러져 풍성한 맛을 즐길 수 있어요.

퀴노아는 씨앗이지만 통곡물처럼 먹는 식재료로, 톡톡 씹히는 식감이 매력적이에요. 또 아홉 가지 필수아미노산을 포함한 완전 단백질식품이라 채식 위주의 식단을 할 때 특히 좋습니다. 샐러드나 현미밥에 추가하면 영양 균형을 맞추는 데 도움이 되니, 자주 활용해 보세요.

재료

퀴노아 1/2컵
비트 1컵
셀러리 1/2컵
적양파 1/2컵
후추

캐슈너트 마요네즈
생 캐슈너트 1/2컵
물 1/4컵
레몬즙 2작은술
소금 1/4작은술

2인분

만드는 법

1   냄비에 깨끗이 씻은 퀴노아와 물 2컵을 넣고 센불로 끓인다. 물
    이 끓으면 중약불로 줄이고 15~20분간 익힌 뒤 체에 밭쳐 물기
    를 뺀다.

2   비트를 잘 씻어 껍질째 찜기에 넣고 30분간 익히고 깍둑썰기
    한다.

3   셀러리와 적양파는 잘게 다진다.

4   캐슈너트는 4시간 동안 물에 불린 뒤 물기를 제거한다.

5   블렌더에 마요네즈 재료를 넣고 곱게 갈아 캐슈너트 마요네즈
    를 만든 뒤 볼에 담고 준비한 재료를 추가해 버무린다.

6   그릇에 담고 후추를 뿌려 요리를 완성한다.

───────────────────────────────────────

(덧붙이)

캐슈너트 마요네즈는 딥소스나 샌드위치 스프레드로 활용해 보세요.

양배추 병아리콩샐러드

포슬포슬한 병아리콩과 아삭한 양배추가 만나 색다르면서도 친근한 샐러드를 완성합니다. 병아리콩은 향이 강하지 않아 다양한 채소와 잘 어울리는 식재료예요. 생들기름드레싱이 깊고 고소한 맛을 더해주는데, 상큼한 사과드레싱 또한 잘 어울리니 원하는 드레싱을 곁들여 다채롭게 즐겨보세요. 염증을 줄이고 면역력을 높이는 매일 반찬으로 제격입니다.

재료	병아리콩 1/2컵	생들기름드레싱	2인분
	양배추 2컵	생들기름 2큰술	
	다진 파 1큰술	애플 사이다 비니거 1/2큰술	
		소금 1작은술	
		다진 마늘 1/2작은술	
		허브파우더 1작은술	

만드는 법

1   병아리콩은 12시간~하루 동안 불린 후 30분~1시간 정도 삶아서 준비한다. (80쪽 참고)

2   양배추는 깨끗이 씻어 한 입 크기로 자른다.

3   볼에 드레싱 재료를 넣고 섞은 뒤 병아리콩, 양배추, 다진 파를 넣고 버무린다.

4   그릇에 담고 허브파우더를 뿌려 요리를 완성한다.

템페 바질샐러드

고소한 템페와 향긋한 바질이 만나 고급스러운 풍미를 느낄 수 있는 샐러드예요. 템페는 발효식품이라 장 건강에 좋은 프로바이오틱스가 풍부하고, 바질은 항염 효과가 있어 면역력을 높이는 데 도움을 줍니다. 특히 템페를 구웠을 때 느껴지는 쫄깃한 식감이 정말 매력적인데, 구운 버섯과도 조화가 좋아요.

바질 페스토를 만드는 과정이 번거롭다면 바질잎을 그대로 활용하고, 올리브오일, 레몬즙, 견과·씨앗류를 곁들이는 방법도 추천합니다. 후무스 버섯샌드위치와 함께 즐기면 주말 브런치 메뉴로 손색없어요!

재료

템페 1컵

꼬마 새송이버섯 1컵

잎채소 1컵

바질잎 1/2컵

간장 1큰술

물 1큰술

소금 1작은술

후추

바질 페스토

바질잎 2컵

엑스트라 버진 올리브오일 3큰술

볶은 견과 · 씨앗류 1/4컵

마늘 1톨

레몬즙 1큰술

소금 1/8큰술

만드는 법

1   템페를 먹기 좋은 크기로 자른다. 넓은 그릇에 간장과 물을 1큰
     술씩 넣고 섞은 후, 템페를 넣어 10분간 재운다.

2   예열한 팬에 물 2큰술과 버섯을 넣고 볶다가 버섯이 부드러워
     지면 소금을 뿌리고 노릇해질 때까지 익힌다. 재료가 눌어붙지
     않도록 중간중간 물 2~3큰술을 추가한다.

3   익은 버섯은 그릇에 옮기고, 같은 팬에 템페를 올려 노릇하게 굽
     는다.

4   블렌더에 바질 페스토 재료를 넣고 곱게 갈아 페스토를 만든다.

5   그릇에 손으로 찢은 잎채소를 담고, 바질잎, 구운 템페, 버섯을
     올린 뒤 바질 페스토를 얹고 후추를 뿌려 요리를 완성한다.

(덧붙이)

· 마지막에 발사믹식초를 살짝 뿌리면 풍미가 한층 살아납니다.
· 바질 대신 고수 같은 허브를 추가해도 색다른 맛으로 즐길 수 있어요.

부추 귤샐러드

사계절 내내 즐길 수 있지만, 특히 겨울에서 봄으로 넘어가는 때 꼭 챙겨 먹는 샐러드예요. 부추의 은은한 매운맛, 사과의 아삭함, 귤의 새콤달콤함이 어우러져 상큼하고도 조화롭습니다. 부추의 비타민 A와 귤의 비타민 C가 만나 강력한 항산화 효과를 내요. 부추의 알리신과 귤의 구연산은 궁합이 좋아 소화를 돕고 신진대사를 촉진합니다. 기름지고 무거운 음식을 먹을 때 곁들이면 속이 편안하고, 봄철 춘곤증 예방에도 좋습니다. 한라봉이나 천혜향 등 다양한 감귤류를 활용해도 좋고, 파인애플이나 키위를 써도 맛있어요.

2인분

재료	잎채소 2컵	드레싱
	귤 1/2컵	엑스트라 버진 올리브오일 1큰술
	부추 1/2컵	레몬즙 1큰술
	사과 1/2컵	소금 1/8작은술
	양파 1/2컵	허브파우더 1/8작은술
		후추

만드는 법

1   부추과 귤은 3~4cm 길이로 자르고, 사과와 양파는 얇게 썬다. 잎채소는 깨끗이 씻어 체에 밭쳐 물기를 제거한다.

2   볼에 드레싱 재료를 넣고 골고루 섞는다.

3   그릇에 손으로 찢은 잎채소를 담고 부추, 귤, 사과, 양파를 올린 후, 드레싱을 뿌려 요리를 완성한다.

PART 4

간식

·그래놀라 대신 무첨가 통곡물 비스킷을 사용할 수 있어요.
·두부크림은 팬케이크나 와플, 토스트와 함께 건강한 디저트 소스로 활용이 가
 능하답니다.

두부티라미수

부드럽고 달콤한 두부티라미수는 제가 가장 아끼는 디저트 중 하나예요. 치유 과정에서 단 음식을 참는 것이 제일 어려웠는데, 무조건 참기보다는 건강한 대안을 찾는 것이 더 효과적이더라고요. 그저 참다 보면 한순간 무너질 수도 있으니, 집에서 건강한 간식을 만드는 습관을 들이면 좋아요. 이 두부티라미수는 불을 사용하지 않고 간단하게 만들 수 있어 더욱 추천합니다.

| 재료 | 그래놀라 3큰술
카카오파우더 1작은술 | 두부크림
두부 1컵
아몬드밀크 1큰술
바닐라 익스트랙 1/2작은술
비정제 설탕 1작은술
소금 1꼬집 | 1인분 |

만드는 법

1 두부를 깨끗이 씻어 체에 밭쳐 간수를 뺀다.

2 블렌더에 크림 재료를 넣고 부드럽게 간다.

3 유리잔 바닥에 그래놀라(336쪽 참고)를 깔고, 그 위에 두부크림을 올려 층층이 쌓는다.

4 크림 위에 카카오파우더를 뿌린 뒤 냉장고에서 1시간 이상 굳혀 완성한다.

·두유 대신 코코넛밀크를 사용하면 더욱 부드러운 질감을 느낄 수 있습니다.

·생강 향이 강하게 느껴진다면 생강즙이나 생강가루의 양을 조절하세요.

생강 바나나푸딩

생강의 알싸한 맛이 포인트인 바나나푸딩은 곡물이나 기름을 전혀 사용하지 않아 부담 없이 즐길 수 있는 간식이에요. 특히 잘 익은 바나나는 본연의 단맛이 강해 설탕 없이도 충분히 맛있는 디저트를 만들 수 있답니다. 생강은 항염 효과가 뛰어나고, 바나나는 비타민 B6, 칼륨, 식이섬유가 풍부해 심장 건강과 소화에 좋아요. 맛과 건강을 동시에 잡고 싶다면 꼭 만들어보세요!

재료
바나나 1개
무가당 두유 3큰술
생강가루 1작은술
바닐라 익스트랙 1/2작은술
시나몬파우더

(1인분)

만드는 법

1 블렌더에 바나나, 두유, 바닐라 익스트랙, 생강가루를 넣고 곱게 간다. 맛을 보고 단맛이 부족하면 현미 조청을 추가한다.

2 푸딩을 용기에 담고 시나몬파우더를 뿌린다.

3 냉장고에서 1시간 이상 굳혀 요리를 완성한다.

덧붙이 ───

견과 · 씨앗류는 아몬드 · 호두 · 캐슈너트 · 피스타치오 · 마카다미아 · 땅콩 · 호박씨 등 취향에 맞게 선택해 사용하세요.

카카오 그래놀라

그래놀라는 어려워 보이지만 사실 매우 간단하게 만들 수 있는 간식입니다. 직접 만들면 당도를 조절할 수 있고, 신선한 견과류의 고소함을 제대로 즐길 수도 있어 더욱 맛있습니다. 두유 요거트에 토핑으로 올리거나 간식처럼 집어 먹어도 좋아요. 오븐이 없다면 에어프라이어로도 가능합니다. 오트밀과 견과·씨앗류 본연의 고소한 맛을 원한다면 카카오파우더를 생략하는 대신 시나몬파우더를 넣어보세요. 색다른 풍미를 느낄 수 있어요.

재료	납작귀리 2컵	코코넛오일 2큰술	10회분
	생견과·씨앗류 1컵	비정제 설탕 1작은술	
	카카오파우더 2큰술	소금 1/8작은술	

만드는 법

1   볼에 코코넛오일, 비정제 설탕, 카카오파우더를 넣고 잘 섞는다.

2   다른 볼에 귀리와 견과·씨앗류를 넣고, 1번의 혼합물을 부어 골고루 코팅되도록 섞는다.

3   오븐 팬에 베이킹 시트를 깔고 재료를 넓게 펼친다.

4   170~180도로 예열한 오븐에서 10~15분간 굽는다. 타지 않도록 중간에 한 번 뒤집어 준다.

5   오븐에서 꺼내 완전히 식힌 뒤 밀폐 용기에 담아 보관 한다.

포두부과자

바삭한 과자가 먹고 싶을 때 딱 좋은 메뉴입니다. 시판 과자에는 질 낮은 기름·첨가물·글루텐·설탕 등이 포함되어 염증을 유발하지만, 이 과자는 부담 없이 건강하게 즐길 수 있어요. 더욱 바삭하고 고소한 식감을 살리고 싶다면 두부를 굽기 전 올리브오일을 살짝 뿌려보세요. 허브파우더, 어니언파우더, 갈릭파우더 등을 활용하면 다양한 맛을 내는 것도 가능합니다. 두부 대신 템페를 사용하면 또 다른 풍미를 즐길 수 있어요.

재료 | **사방 10×10cm 포두부 5장**   (4회분)
소금 1/4작은술
허브파우더 1/4작은술

만드는 법

1 키친타월을 깔고 포두부를 넓게 펼쳐 물기를 제거한 뒤, 한 장씩 겹쳐서 한 입 크기로 자른다.

2 오븐 팬에 베이킹 시트를 깔고 포두부를 겹치지 않게 펼친 후 소금과 허브파우더를 뿌린다.

3 170~180도로 예열한 오븐에서 5~10분간 굽는다.

4 그릇에 담아 요리를 완성한다.

- 카카오닙스를 넣으면 식감이 살아나고 항산화 효과도 더해집니다.
- 코코넛밀크 대신 두유, 오트밀크, 아몬드밀크 등 다양한 식물성 우유로 대체 가능합니다.
- 바나나 대신 냉동 망고나 딸기를 사용하면 또 다른 맛의 아이스크림을 즐길 수 있습니다.
- 더욱 풍부한 맛을 내고 싶다면 견과·씨앗류, 코코넛 플레이크, 시나몬파우더 등을 추가해 보세요.

초코 바나나아이스크림

손님을 초대할 때마다 인기가 좋은 데다, 만들기 쉽고 맛이 일정해 실패 확률이 적다는 큰 장점을 지니고 있는 디저트입니다. 바나나의 자연스러운 단맛과 카카오의 진한 풍미가 조화를 이뤄 입안 가득 행복이 퍼집니다. 단순한 재료만으로 이렇게 맛있는 아이스크림을 만들 수 있다는 것이 놀라울 정도예요. 바나나는 마그네슘과 칼륨이 풍부해 근육 회복에 좋고, 카카오는 스트레스를 줄이는 데 도움을 줍니다. 특히 생리 기간에 큰 만족감을 주는 달콤한 간식이에요.

재료	바나나 1개	2인분
	카카오파우더 1큰술	
	코코넛밀크 1/2컵	
	소금	

만드는 법

1   볼에 바나나를 담아 포크로 으깬 뒤 코코넛밀크와 카카오파우더, 소금 1꼬집을 넣고 잘 섞는다.

2   아이스크림 몰드에 담아 냉동실에서 2시간 이상 얼려 완성한다.

(덧붙이)

• 복숭아 대신 블루베리, 수박, 멜론 등 제철 과일로 대체 가능합니다.

• 마지막에 화이트 발사믹식초를 살짝 뿌리면 새콤달콤한 풍미가 살아납니다.

복숭아셔벗

한 입만 먹어도 더위가 사라지는 상큼한 여름 간식이에요. 더운 여름,
아이스크림이 먹고 싶어도 시판 제품에는 설탕과 색소·방부제·유제
품 등이 포함돼 고민이죠. 이 셔벗은 단순한 재료로도 충분히 맛이 좋
아 시판 제품 못지않은 만족감을 줍니다. 완성된 셔벗 위에 민트잎을
올리면 더욱 상쾌한 풍미를 즐길 수 있어요. 생과일을 사용한다면 충
분히 후숙된 복숭아를 선택하시고, 냉동 과일을 사용하면 훨씬 간편
합니다.

재료 | **복숭아 1.5컵**
레몬즙 1큰술

(2인분)

만드는 법

1   깨끗이 씻은 복숭아는 껍질을 벗기고 적당한 크기로 자른다.

2   블렌더에 복숭아와 레몬즙을 넣고 곱게 간다.

3   용기에 담아 냉동실에서 2시간 이상 굳혀 완성한다.

· 바삭한 고구마칩을 원한다면 고구마를 최대한 얇게 썰어 구워주세요.

· 원하는 식감에 따라 조리 시간을 조절해 주세요.

고구마말랭이

쫀득한 식감과 자연스러운 단맛이 매력적인 겨울철 대표 간식입니다. 삶은 고구마보다 휴대성이 좋아 출출할 때 한 조각씩 먹으면 행복한 만족감을 줍니다. 오랫동안 구울수록 수분이 날아가 당도가 높아지는데 이때 땅콩버터를 곁들이면 혈당 상승을 방어하면서 고소한 맛도 더할 수 있습니다. 고구마 대신 단호박으로 만들어도 맛있어요.

재료 | 고구마 2컵
시나몬파우더 1/2작은술

(4회분)

만드는 법

1   깨끗이 씻은 고구마를 찜기에 넣고 15분간 찐 뒤, 한 김 식혀 길쭉한 막대 모양으로 썬다.

2   오븐 팬에 베이킹 시트를 깔고 고구마를 가지런히 펼친다.

3   140도로 예열한 오븐에서 30분간 굽고, 120도로 낮춰 30분 더 익힌다. 중간에 한 번 뒤집어 준다.

4   그릇에 담고 시나몬파우더를 뿌려 완성한다.

· 두유를 끓일 때는 넘치지 않도록 주의하세요.

· 생강 손질이 어렵다면 생강가루나 생강즙, 생강 티백을 활용해도 좋아요.

· 단맛을 줄이고 싶거나 가당 두유를 사용했다면 현미 조청을 생략해도 충분히 맛있습니다.

· 바닐라 익스트랙을 소량 추가하면 더 부드럽고 풍미 있는 맛을 낼 수 있습니다.

두유 생강라테

고소하고 알싸한 풍미가 매력적인 두유 생강라테는 몸을 따뜻하게 데
워주는 최고의 음료입니다. 생강과 시나몬은 혈액순환을 촉진하고 면
역력을 높여 겨울철 감기 예방에 특히 좋지만, 여름에 차갑게 마셔도
좋답니다. 계절에 맞게 두 가지 다른 매력을 즐겨보세요. 두유 대신 오
트밀크를 사용하면 또 다른 매력을 느낄 수 있어요. 거품기를 사용해
부드러운 거품을 만들면 카페에서 마시는 라테 못지않습니다.

재료

무가당 두유 2컵
생강 2큰술
현미 조청 1작은술
시나몬파우더

2인분

만드는 법

1   생강을 깨끗이 씻어 0.5~1cm 두께로 썬다.

2   작은 냄비에 두유와 생강을 넣고 중약불에서 5분간 데운 뒤, 불
     을 끄고 2분간 더 둔다.

3   생강 조각을 제거한 후, 두유를 컵에 붓고 현미 조청을 넣어 잘
     저어준다.

4   시나몬파우더를 뿌려 완성한다.

덧붙이
즙을 짠 후 남은 내용물은 얼음 틀에 얼려두었다가 뜨거운 물에 넣으면 간편하
게 레몬 생강차로 즐길 수 있습니다.

레몬 진저샷

무더운 여름날 활력을 끌어올리는 에너지 드링크입니다. 한 모금 마시면 온몸 구석구석 에너지가 퍼지는 기분이 들어요. 레몬의 비타민 C와 생강의 쇼가올 성분이 해독을 촉진하고 신진대사를 원활하게 해 소화 기능 개선, 체지방 분해, 혈당 관리에 도움을 줍니다. 공복에 마시면 효과가 극대화되지만, 위가 예민한 경우 식후 30분 정도에 섭취하는 것이 좋아요. 겨울철에는 따뜻한 물을 타서 레몬 생강차로 마시면 감기 예방에 도움이 됩니다.

재료	생강 1/2컵	6회분
	사과 1컵	
	레몬 1/2컵	
	물 4큰술	

만드는 법

1 블렌더에 모든 재료를 넣고 곱게 간다.

2 면포나 체에 걸러 즙을 내린다.

3 깨끗한 용기에 30ml씩 소분해 담고 하루에 한 잔 이하로 섭취한다.

ABC스무디

사과Apple, 비트Beet, 당근Carrot의 앞글자를 딴 ABC스무디는 항산화 성분과 철분이 풍부해 빈혈 예방, 피부 건강, 간 해독에 도움을 줍니다. 비트 특유의 붉은빛이 매력적이며 껍질째 갈아 넣으면 식이섬유를 더 풍부하게 섭취할 수 있어요. 다만 비트에는 신장결석을 유발할 수 있는 옥살산이 포함되어 있으므로 반드시 찌거나 삶아 활용하세요. 포만감이 있어 에너지 보충이나 가벼운 식사 대용으로 마시기 좋으며, 키위나 레몬을 추가하면 상큼한 풍미가 더해져 더 맛있게 즐길 수 있습니다.

재료		1인분
	비트 1컵	
	당근 1컵	
	사과 1컵	
	키위 1/2컵	
	물 1컵	

만드는 법

1   깨끗이 씻은 비트, 당근, 사과, 키위를 껍질째 큼직하게 자른다.

2   비트를 찜기에 넣고 15분간 찌다가, 당근을 추가해 5분 더 익힌다.

3   젓가락으로 비트를 찔러 부드럽게 들어가면 모두 꺼내 블렌더에 넣고 곱게 간다. 필요하면 물을 추가해 농도를 조절한다.

딸기 바나나스무디

지치고 힘든 날 기분 전환에 좋은 상큼하고 달콤한 스무디입니다. 딸기의 새콤함과 바나나의 달콤함이 부드럽게 어우러져 남녀노소 누구나 좋아하는 맛이에요. 여기에 살짝 데친 콜리플라워나 당근을 추가하면 맛을 해치지 않으면서 영양도 더할 수 있고, 채소를 잘 먹지 않는 아이도 거부감 없이 즐길 수 있어요. 두유 요거트를 사용하면 유산균과 새콤한 맛이 더해져요. 물이나 코코넛 워터를 넣어 더욱 가볍게 먹는 방법도 추천합니다.

재료 | 딸기 1컵
바나나 1개
무가당 두유 1컵

(1인분)

만드는 법

1 깨끗이 씻은 딸기는 꼭지를 뗀다.

2 모든 재료를 블렌더에 넣고 곱게 간 뒤 유리컵에 담아 완성한다.

시금치 키위 케일스무디

건선을 치유할 때 가장 많이 마셨던 초록빛 해독 스무디입니다. 풍부한 식이섬유 덕분에 오랜 변비에서 벗어나고 간지러움을 완화하는 데 큰 효과를 보았어요. 시금치·케일·키위 속 미네랄과 비타민이 염증 완화와 해독 작용을 돕고, 비타민 K가 듬뿍 들어 있어 뼈 건강에도 좋습니다. 처음에는 200ml로 시작해 점차 500ml까지 늘려 섭취해 보세요. 아보카도를 넣으면 더 부드러운 식감을 즐길 수 있으며, 레몬즙을 추가하면 상큼함이 배가 됩니다.

재료

시금치 1컵
손바닥 크기의 케일 4장
키위 1개
물 1컵

1인분

만드는 법

1   시금치와 케일을 깨끗이 씻어 끓는 물에 10~20초간 데친 후 체에 밭쳐 물기를 뺀다.

2   키위는 깨끗이 씻어 꼭지를 도려낸다.

3   블렌더에 모든 재료를 넣고 곱게 간다. 필요하면 물을 추가해 농도를 조절하며 완성한다.

브로콜리 블루베리스무디

브로콜리와 블루베리의 조합이 생소할 수 있지만, 맛과 효능 모두 뛰어난 스무디입니다. 브로콜리의 설포라판과 블루베리의 안토시아닌이 만나 강력한 항산화 효과를 내며, 염증 완화에 큰 도움을 줍니다. 바나나나 아보카도를 넣어 부드러운 식감을 더하거나, 치아씨드를 뿌려 오메가-3를 보충해도 좋아요. 저는 보통 냉동 블루베리를 사용하는데, 좋아하는 과일로 대체할 수 있습니다. 두유나 두유 요거트를 넣으면 부드러우면서도 포만감이 오래갑니다.

재료	브로콜리 1컵	1인분
	당근 1컵	
	블루베리 1/2컵	
	물 1컵	

만드는 법

1 브로콜리를 깨끗이 씻어 줄기와 꽃송이를 적당한 크기로 자른다.

2 찜기에 당근을 넣고 3분간 찌다가, 브로콜리 줄기를 넣고 2분간 찐다. 마지막에 꽃송이를 추가해 1분 더 익힌다.

3 젓가락으로 당근을 찔러 부드럽게 들어가면 꺼낸 뒤 모든 재료를 블렌더에 넣고 곱게 간다. 필요하면 물을 추가해 농도를 조절하여 완성한다.

INDEX

어니코치의 자연식물식

초판 1쇄 인쇄 2025년 5월 2일
초판 1쇄 발행 2025년 5월 9일

지은이 어니코치
펴낸이 김선식

부사장 김은영
콘텐츠사업2본부장 박현미
책임편집 이한결 **책임마케터** 박태준
콘텐츠사업7팀장 김민정 **콘텐츠사업7팀** 이한결, 남슬기
마케팅1팀 박태준, 권오권, 오서영, 문서희
미디어홍보본부장 정명찬 **브랜드홍보팀** 오수미, 서가을, 김은지, 이소영, 박장미, 박주현
채널홍보팀 김민정, 정세림, 고나연, 변승주, 홍수경 **영상홍보팀** 이수인, 염아라, 김혜원, 이지연
편집관리팀 조세현, 김호주, 백설희 **저작권팀** 성민경, 이슬, 윤제희
재무관리팀 하미선, 임혜정, 이슬기, 김주영, 오지수
인사총무팀 강미숙, 이정환, 김혜진, 황종원
제작관리팀 이소현, 김소영, 김진경, 이지우, 황인우
물류관리팀 김형기, 김선민, 주정훈, 양문현, 채원석, 박재연, 이준희, 이민운
외부스태프 디자인 정윤경 사진 조소혜

펴낸곳 다산북스 **출판등록** 2005년 12월 23일 제313-2005-00277호
주소 경기도 파주시 회동길 490 다산북스 파주사옥
전화 02-704-1724 **팩스** 02-703-2219 **이메일** dasanbooks@dasanbooks.com
홈페이지 www.dasan.group **블로그** blog.naver.com/dasan_books
용지 스마일몬스터피앤엠 **인쇄 및 제본** 한영문화사 **코팅 및 후가공** 평창피엔지

ISBN 979-11-306-6599-3 13590